海外游·建筑学人笔记丛书

日本古园风土记

陆少波　著

同济大学出版社 · 上海

总序：建筑旅行的意义

在当代旅游产业将旅行演变成为一种流行商品被大众广泛消费之前，以及之外，旅行，作为一种学习方式和人的一种成长方式，从古至今，都在不断产生着各具特色、引人思考的案例。

对于此类作为学习与成长的旅行，我认为大致可划分为两个层面：一个是所谓的“理论与实践相结合”，即“读万卷书，行万里路”，强调通过人的身体在万里路上对人、事、景展开直接一手的体验，将万卷书中所蕴含的间接二手知识进行印证与修订；另一个是所谓的“实践出真知”，即采用类似“壮游”（Grand Tour）这一起源于文艺复兴、盛行于 18 世纪英国的旅行方式，青年人在导师或自我引导下，将旅行转化成为全方位、沉浸式的学习与成长体验，发展到今天，业已成为一部分年轻人的成人仪式——踏入职场前进行的“间隔年”（Gap Year）旅行。

由于建筑物理实体空间所独具的实地体验需求，“纸上得来终觉浅”这句话，可说是形象地揭示出实地旅行对建筑学学习与研究的充分必要性。现代建筑教育的前身，19 世纪巴黎美术学院（Beaux-Arts）就设有罗马大奖（Prix de Rome），赞助获奖学子在意大利亲历真迹，边游边学。法籍瑞裔建筑大师柯布西耶（Le Corbusier）在 24 岁探寻未来方向之时，用了 5 个多月的时间，游历波希米亚、塞尔维亚、罗马尼亚、保加利亚、土耳其和希腊，进行了一次他视野中的“东方之旅”，奠定了延续其一生的某些建筑观念。美国建筑大师路易斯 · 康（Louis. I. Kahn）于 49 岁壮年之际，在意大利、希腊、埃及具有纪念性的古建筑“废墟”（Ruins）中，得到醍醐灌顶般的领悟，引发“中年变法”，重塑其已日臻成熟的建筑认知。美国理论家彼得 · 埃森曼（Peter Eisenman）攻读博士期间，在英国理论家、教育家柯林·罗（Colin Rowe）的带领下，遍览荷兰、德国、瑞士、意大利等国的著名历史建筑，找到了建构自我理论的关键参照点……这些西方建筑师与理论家，沿着建筑文化的脉络一路行来，都曾在“理论与实践相结合”与“实践出真知”两个层面上，追根溯源，寻找新机。

然而，在国内建筑学界，追溯中国自身建筑文化脉络的旅行，长期以来大多困囿在“理论与实践相结合”的印证层面，“实践出真知”层面的建筑旅行，则主要仰赖于一个关键词——“海外”。之所以如此，是因为中国现代建筑学学科的起源、建制、发展，与西方有着密不可分的血脉关联。这也是近代以来，非西方国家向西方发达国家持续学习的一个基本姿态——想要创新，就要面向海外，就要追求国际化。20 世纪 70 年代引领非西方国家率先西化的日本年轻人，就曾热衷于坐欧亚列车转道符拉迪沃斯托克（海参崴，Vladivostok）穿越西伯利亚，再到巴黎，凭借身体向西方的移动，实现想象中的“国际化”。

“海外游·建筑学人笔记”这套丛书我还没有读完，但对这些作者，即在中国富强背景下，与前辈相比，能够更加放松、更加自由地穿梭于海内外学习、工作和生活的建筑青年们，多少还是有些了解的。我有理由相信，除了有与前辈相类似的“美术写生式”旅行，也一定还有更加丰富、深刻的旅行体验方式。应该会有作者，用到西方补课的视角，尽量完善、体系化地进行全方位的旅行；应该会有作者，从“自我”与“他者”对话的角度，结合国内业界特有的问题，有针对性、侧重性地去旅行；应该会有作者，结合自身成长，凭借“个体化”的视角，将城市、建筑作为人文环境进行浸润式的旅行；应该会有作者，试图突破历史终结语境下的中西二元视角，进入更加多元化的文化脉络中展开多维度的旅行。

所以，这套丛书一定会包含他者与主流、地域与国际化、仰视与平视、二元主体与多元主体、个体与群体等一系列丰富繁杂的议题交织。我同样有理由相信，在新时代，在新一代建筑学人的海外游中，面对上述纠缠着历史、现实、文化自信、文化贡献的众多议题，他们一定会更多平视，更加多维，更深反观，既不会自卑地以为“国外的月亮才是圆的”，也不会自大地偏执于“只有我们自己的才是最好的”。他们一定会有反思基础上的主体自觉，一定会有超越单向补课的创意新解，一定会有突破中西二元论的“多边并置”。然而，他们一定还来不及深究下面这个重要话题——面对网络时代里遭遇百年未遇疫情的当下，全球刚刚开始的开放流动重新在物理与虚拟两个层面陷入某种程度的“隔离”，我们该如何定义海外与海内？我们该铸造怎样的基于实体与虚拟交流的旅行、学习与成长？

文至结尾，想起一个颇可玩味的小故事。话说 20 世纪 90 年代末，一名美国著名建筑史论家造访上海，接待单位为其安排参观苏州园林。陪同的学者原以为这位见多识广、博览群书的国际大家应该早已知晓各类园林，此行只是礼节性地走上一走，哪知一进园子还没逛上两步，建筑史论家就急匆匆要出园。问其原因，答曰：因为过去几乎不知道中国园林，所以没有任何准备，现在急着要到园子外去买相机和胶卷，打算好好拍拍这个超出自己“固有视野”的“特殊空间类型”……

上海交通大学教授　范文兵

序

本书是一本展示日本系列传统庭园的读物。庭园也常被称为“园林”，指的是不同尺度的景观及地形等被改造过后形成的花园。

国内有不少喜欢对园林进行分析和研究的建筑学人，他们尤其对在咫尺内院中营造出“壶中天地”的私家园林会投以更多的关注，个中原因之一是受到中国历代文人避世修心传统的浸染。通过对那些园林中微缩山林的探访，身处喧嚣城市中的人们可以得到寄身于山林间的一种想象。这种把自己的身体放进另外一个时空之中的想象，既是一种修身养性的活动，也是对一个尚不存在的空间及其体验的虚构。对于从事设计实践的建筑学人（建筑师）来说，这种虚构本来就是他们工作的主要内容之一。

园林是很多建筑师参摹、学习的对象，他们通过对园林形态、细节及空间关系的借鉴来做设计，完成了很有意思的实践作品。

当代很多领域的不断专业细分会让我们常常有一种难以把握事物整体的感觉。以建筑设计领域为例，今天的建筑与景观已经是两个独立性很强的专业了。这种分工似乎在说，只有那些用墙围起来并设有屋顶的地方才是“房子”，才是建筑师需要关心的地方；房子以外的地盘则属于“景观”，不是建筑设计的对象。然而，建筑（房子）的内与外是一个体验上的统一体，无法被割裂，中国优秀的传统私家园林便是这方面的例子。我认为，中国建筑学人对传统园林表现出的超乎寻常的关注，其原因除了有文化上的因素外，也是因为在当代分工越来越细、不同设计专业之间的壁垒束缚越来越大的时候，大家受内心共有的一种突破专业界限，将建筑与周围环境融为一体的设计冲动所驱使。

受到建筑界前辈们的影响，本书作者陆少波也对于园林或庭园的话题非常感兴趣。为此，他在非常紧张的日本留学期间，依然抽出时间，系统性地走访日本的大小庭园，逐一加以记录，并在精心整理后编撰成书。

日本传统园林跟中国传统园林有一定的近似性，但也有很大差异。以这些差异为参照，可以对中国传统园林的特征有更好的理解。这些差异对于对中国园林抱有兴趣的人来说，应该是非常重要的内容，这也是通过一名中国建筑学人的观察及总结而形成的关于日本园林的书的最重要价值之一。

与身体可以在其中游走的中国传统园林相比，很多传统日本小庭园的造景部分仅仅是被用来观赏的，它们是人们在室内或廊下欣赏的对象，例如在著名的龙安寺中，重要的庭园便是那处枯山水。人们在廊下坐下，静静地欣赏这处具有禅意的景观，其中心区域人是无法进入的。在大型庭园中，中日园林间的差异又有新的内容：传统日本庭园的总体布局往往采用不对称的格局，很少碰到由强烈的轴线关系进行排列的建筑群。有意思的一个案例是唐招提寺：刚进入唐招提寺南大门的时候，大门与其面对的经堂及后面的讲堂是被排列在一条轴线上的，因而该

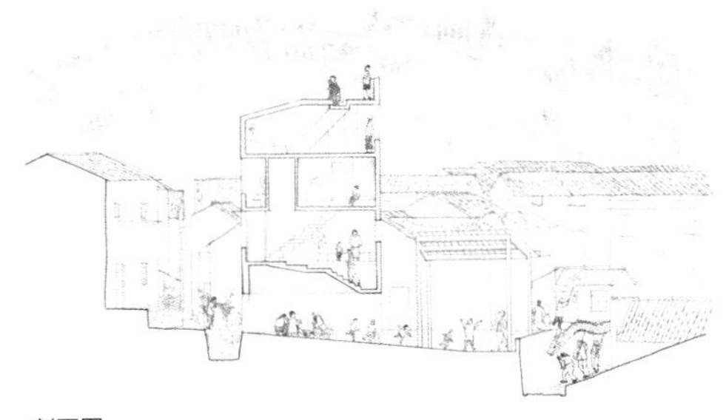
剖面图

轴测图

寺在入口处还有一些与中国传统寺庙庭园类似的感觉；但再往内部走，随着建筑轴线关系的消失，那种与中国传统寺庙庭园类似的感觉也消失了。想来，唐招提寺这种奇异的布局现象源自不同时代的不同营造理念。除了自由的建筑布局理念、部分庭园中可以体会到的时代叠加感外，日本庭园还不乏以大型吊脚方式在山地中营造大型平台的特征。

在本书中，陆少波手绘的不同比例的各种平面及剖面图非常恰当地表达出日本庭园的以上基本特征。通过对图中园林建筑位置、高差及相互关系的观察，我们可以直接而明确地理解这些庭园的基本空间关系。

书中的诸多手绘图不由让我联想到 2012 年陆少波参加“天作杯全国大学生建筑设计大奖赛”获奖方案“岱峰下的乡土客栈”的图。那个竞赛是由中国著名建筑家柳亦春出题——印象中，他以 1974 年筱原一男为诗人谷川俊太郎设计的一座将室外坡地延伸进室内的山中别墅为参考，要求参赛者在一个倾斜的地面上设计一所居室。陆少波选择了一个真实的山村为设计场地，以错层的方式解决了有限面积条件下的功能要求，同时回应了山村的地形。

在筱原一男设计中那个室内有坡地的“家”所具有的诗意，也许只有像以“灵魂的素颜”来面对自己及世界的谷川俊太郎那样的诗人才能够理解和接受吧。尽管有文化上的差异，但人们对诗意的感受是近似的。如果说天作杯竞赛课题及陆少波略带乡愁的设计提案，是从我们自己文化的角度向这般诗意致敬的话，那本书的立意应该是中国建筑学人试图从日本传统庭园所蕴含的诗意来引发对当代中国园林研究及相关建筑设计的重新思考——也可以说，是一次诗意的回望。

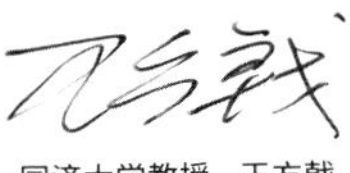

同济大学教授　王方戟

目录

大和长谷寺 （歌川广重，19 世纪）

来源：歌川广重．诸国名所百景．日本国立国会图书馆电子文档．https://dl.ndl.go.jp/info:ndljp/pid/1307518

奈良 Nara

小奈边古坟

01 **法隆寺**
地址：生驹郡斑鸠町法隆寺山内 1-1

02 **慈光院**
地址：大和郡山市小泉町 865

03 **当麻寺**
地址：葛城市当麻 1263

04 **石上神宫**
地址：天理市布留町 384

05 **今西家**
地址：橿原市今井町 3-9-25

06 **长谷寺**
地址：樱井市初濑 731-1

07 **室生寺**
地址：宇陀市室生 78

08 **荣山寺**
地址：五條市小岛町 503

09 **金峰山寺**
地址：吉野郡吉野町大字吉野山 2498

10 **吉野水分神社**
地址：吉野郡吉野町大字吉野山 1612

11 **净琉璃寺**
地址：京都府木津川市加茂町西小札场 40

12 **长弓寺**
地址：生驹市上町 4445

13 **円成寺**
地址：奈良市忍辱山町 1273

奈良县区域古园分布

底图来源：https://map.tianditu.gov.cn/2020/ 天地图 GS(2021)1487 号 - 甲测资字 1100471

14 东大寺
地址：奈良市杂司町 406-1

15 春日大社
地址：奈良市春日野町 160

16 依水园
地址：奈良市水门町 74

17 兴福寺
地址：奈良市登大路町 48

18 旧大乘院庭园
地址：奈良市高畑町 1083-1

19 新药师寺
地址：奈良市高畑町 1352

20 元兴寺
地址：奈良市中院町 11

21 唐招提寺
地址：奈良市五条町 13-46

22 药师寺
地址：奈良市法华寺北町 897

23 平成京左京三条二坊六坪遗迹
地址：奈良市三条大路 1-5-38

24 海龙王寺
地址：奈良市法华寺北町 897

25 平成宫遗址
地址：奈良市二条大路南 3-5-1

26 佐记盾列古坟群
地址：奈良市佐紀町

奈良市古园分布

底图来源：https://map.tianditu.gov.cn/2020/ 天地图 GS(2021)1487 号 - 甲测资字 1100471

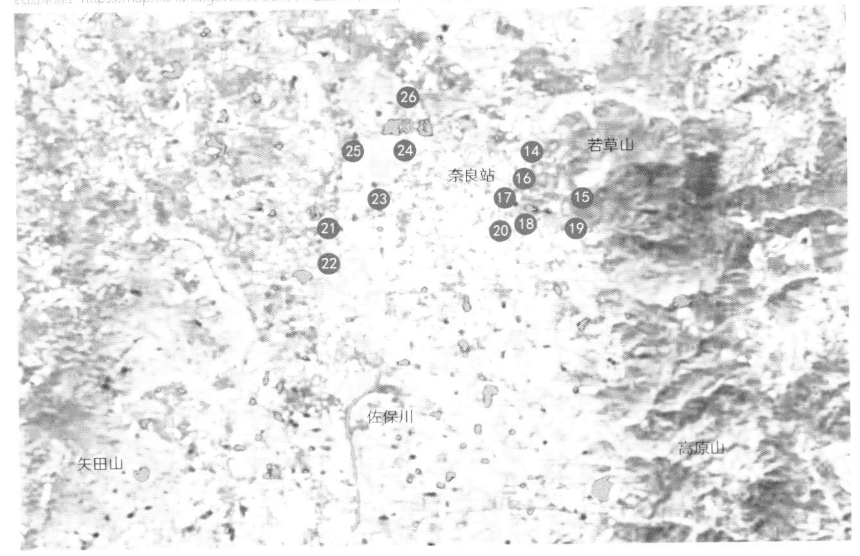

法隆寺 Hōryūji Temple

地址：生驹郡斑鸠町法隆寺山内 1-1

法隆寺由日本圣德太子创建于 7 世纪，具有镇护国家的重要意义，其中的金堂和五重塔是现存世界上最古老的木结构建筑。

今天的法隆寺有着不同时代的丰富遗存，建筑、雕塑、绘画，以及其他众多宝物都是日本文化史的重要见证。西院伽蓝是历史最古老的部分，其中的五重塔、金堂和中门是飞鸟样式的重要遗存，云形斗栱、梭柱都是其特有的样式。除了宣扬佛法的佛堂，西院伽蓝还完好保存着僧人生活起居的东室和妻室等建筑，而东院伽蓝的八角形梦殿，以及早期由贵族住宅改造而成的传法堂等都是法隆寺建筑多样性的代表。

对于法隆寺建筑有大量的学术思考，例如关野贞等人对于现存伽蓝是否是最初建筑的再建·非再建论，伊东忠太以《法隆寺建筑论》（「法隆寺建築論」）一文从世界文明的角度对法隆寺进行了阐释，史学家太田博太郎和建筑师谷口吉郎等人对法隆寺西院伽蓝不对称平面的意义进行了详尽解读……这些研究都凸显出这座古寺具有的丰富内涵。

在法隆寺的现场，人们可以直接体悟到西院和东院伽蓝纪念性空间的差异，历史的厚度真切可感。从千年前的古老遗存一直到现代建筑师吉田五十八设计的中宫寺，传统一直在场。

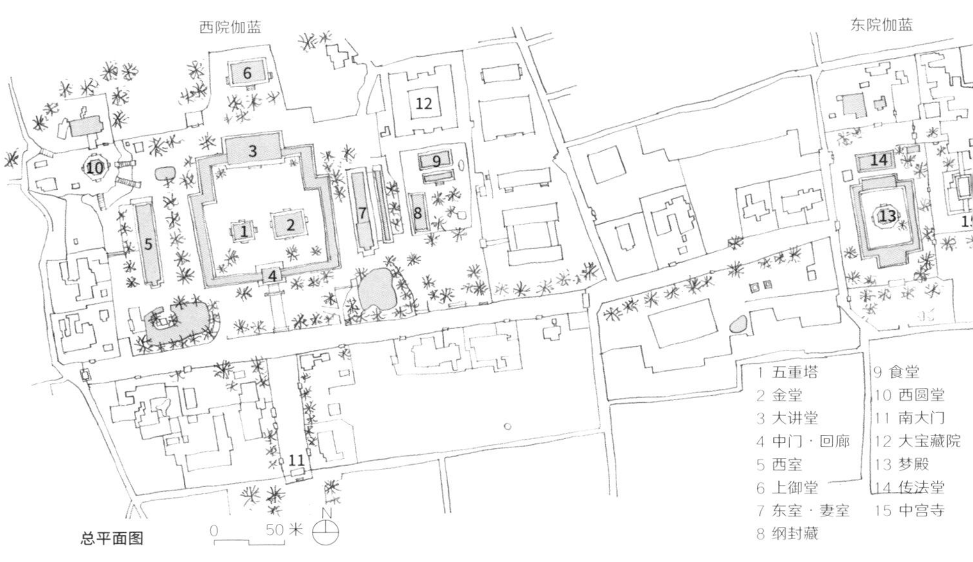

总平面图

西院伽蓝的五重塔和金堂

大讲堂室内

回廊

东室

纲封藏

西院伽蓝

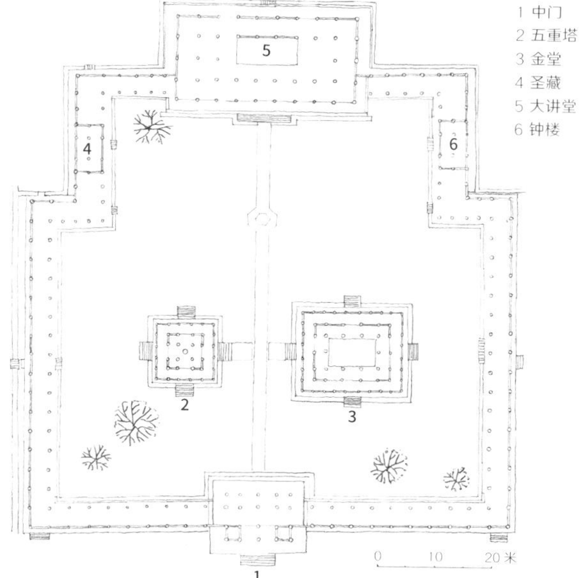

西院一层平面图

大讲堂

东院伽蓝

梦殿

唐招提寺 Tōshōdaiji Temple

地址：奈良市五条町 13-46

唐招提寺是“南都六宗”的律宗总本山，坐落于奈良的平原上，创立者是从中国东渡日本的高僧鉴真。寺中的金堂为存留下来的奈良时代屈指可数的金堂建筑，规模为 7 间 ×4 间，其中 1 间是半室外空间，主要供奉卢舍那佛、药师如来和千手观音。讲堂由品诚宫的东朝集殿改造而成。供奉鉴真雕刻的御影堂原来是兴福寺的一乘院，其中的障壁画由日本画家东山魁夷绘制，精炼地描绘了日本和中国的风景。唐招提寺每年举办数次活动纪念鉴真大师。在每年农历八月十四至十六日的观月赞佛会期间，金堂会在夜间对外开放。

唐招提寺中保存着大量的建筑遗迹，其中最有代表性的是江户末期火灾后残留的戒坛基座、佛塔和西侧建筑的遗迹，以及曲水环绕的鉴真庙。在这里，植被与建筑遗迹相互映衬，共同营造出悠远、宁静的庭园之意，让人心生沧桑之感。

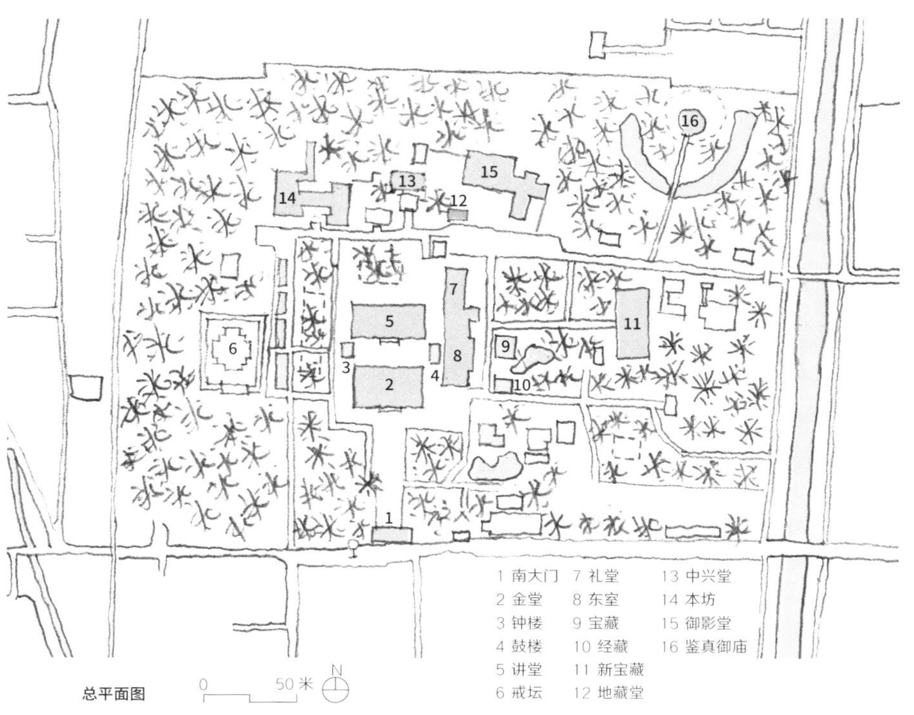

总平面图

金堂

戒坛

金堂外廊

金堂西侧

礼堂与鼓楼

东大寺 Tōdaiji Temple

地址：奈良市杂司町 406-1

东大寺创建于奈良时代（8 世纪），曾遭遇两次大规模的火灾，寺内现存最早的建筑是法华堂。法华堂分为正堂和礼堂两部分，正堂是奈良时代的遗构。东大寺的南大门在正治元年（1199）建成，通柱结构，朴素、浑厚，其构造方式有利于节约用材，是日本大佛样的代表构筑物。

现存的大佛殿为 1709 年的重建之作，殿内，14.7 米高的卢舍那佛法相庄严。佛像的莲花座是东大寺创建时的原物，莲花藏世界图被雕刻在莲花座的 14 片花瓣上，十分精美，清晰地呈现出《华严经》的佛教宇宙观。

沿着南大门的轴线进入东大寺，人们能够感受到大佛殿与回廊营造出的纪念性。沿东侧的山坡拾级而上，可以直抵法华堂和二月堂，建筑布局犹如幽静的山地村落。登上二月堂的平台，整个奈良盆地的风景尽收眼底。

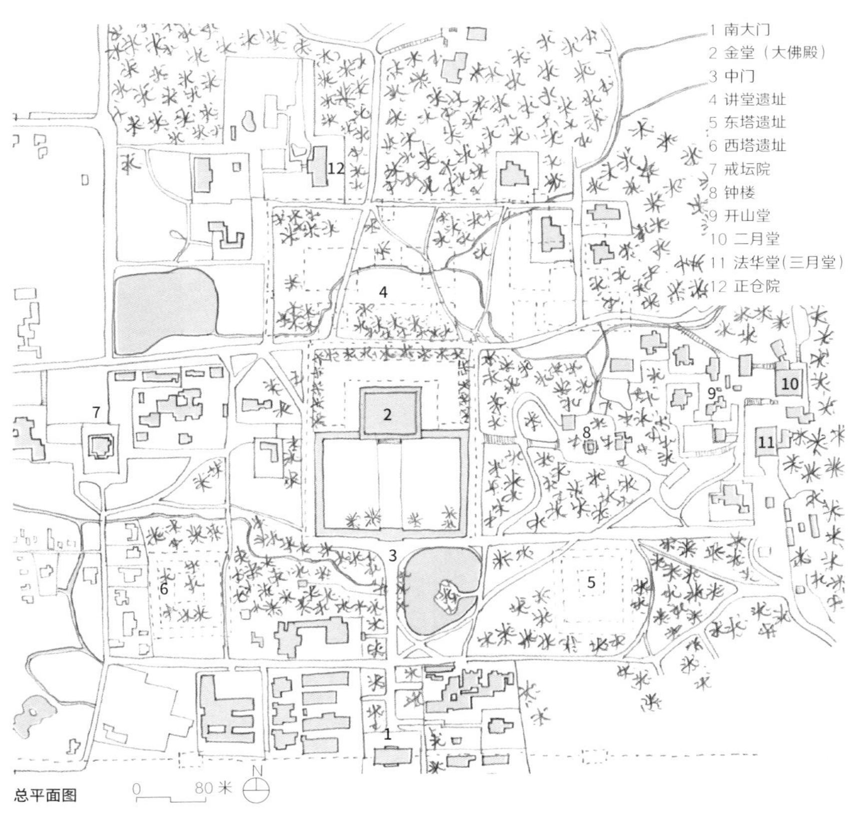

总平面图

金堂（大佛殿）

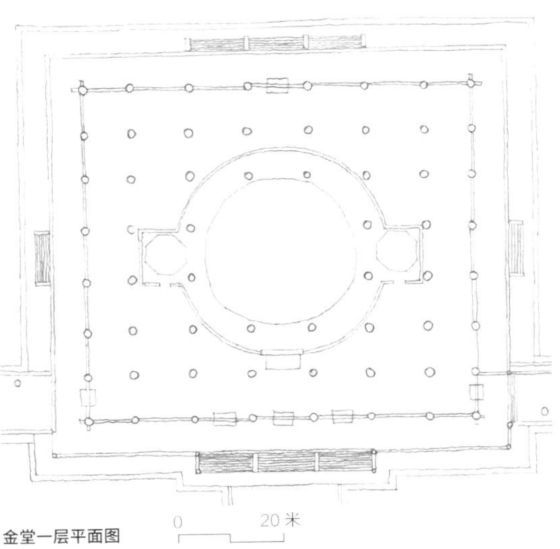

金堂一层平面图

金堂外立面细部

南大门

金堂北立面

从二月堂远眺金堂

二月堂西立面

二月堂山道

法华堂南立面

二月堂和法华堂西立面图

新药师寺 Shinyakushiji Temple

地址：奈良市高畑町 1352

新药师寺为华严宗寺庙，本堂和堂内的十二神将都是奈良时代的遗存。新药师寺在创建时期规模较大，有东塔、西塔、金堂等，后屡遭毁坏。现存的本堂由奈良时代的其他建筑改造而成，规模大幅缩小。若不知道新药师寺的名头，人们从奈良狭小的街道中经过时甚至会忽略它的存在。

新药师寺的布局极为简朴，具有清静自然之感。本堂规模为 7 间 ×5 间，与周边民居的尺度类似。堂中间是圆形的佛坛，十二神将环绕着药师如来的坐像，微弱的烛光暗示着场所的神圣性。室外的明媚阳光和内部的幽暗光线形成鲜明对比。

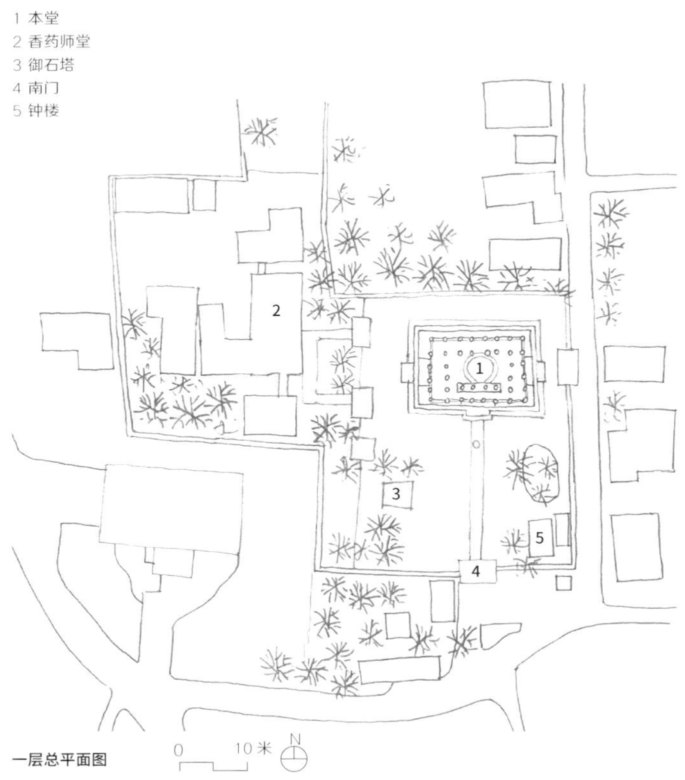

一层总平面图

本堂

本堂南侧入口

本堂室内

东侧街道

南门和庭园

兴福寺 Kōfukuji Temple

地址：奈良市登大路町 48

兴福寺是奈良“南都六宗”之一法相宗的总本山，在明治时代因为“废佛毁释”运动遭受重创。原寺院领地现已成为奈良公园的一部分，五重塔、东金堂零星散布在公园中。重建于室町时代的五重塔仍旧是奈良市中心的地标性建筑，从周边的街道上都能望到它的身姿。近年，寺院的金堂与回廊都在有序地重建中，以期恢复往日壮丽的寺院风景。

南圆堂

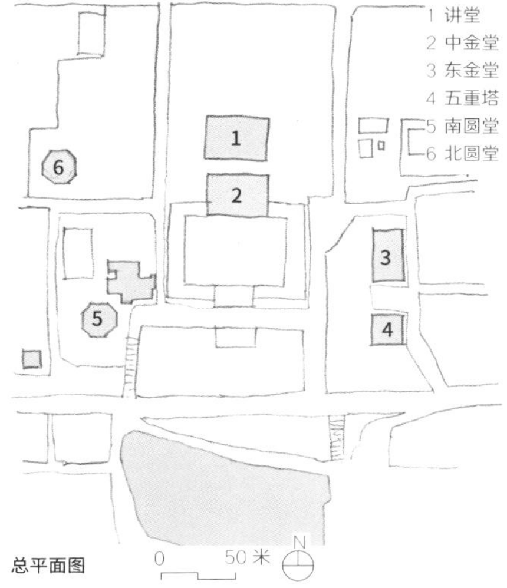

总平面图

五重塔街景

旧大乘院庭园 Daijoin Temple Garden

地址：奈良市高畑町 1083-1

根据日本建筑史学家森蕴的研究，旧大乘院庭园曾是兴福寺门迹寺院的庭园，后屡经变化，形成了回游式形制。治承四年（1180），旧大乘院被迁往现在的场地，后因“废佛毁释”，在明治初期废弃，于 1955 年得以复原，如今被指定为国家名胜。庭园面积不大且内部几乎没有建筑。朱桥、草地、流水——微缩、凝练的景观颇有抽象之意。

西小池

天神岛

东大池

总平面图

依水园 Isuien Garden

地址：奈良市水门町 74

依水园分为前园和后园两个部分，总面积 1 万多平方米，是奈良最大的私家回游式庭园。前园建于宽文十二年（1672），由清须美道清建造；后园建于明治时代。关于“依水园”名称的由来，一说是因为庭园引水自大和川的支流吉城川，另一说是取意于杜甫的诗句“名园依绿水”。无论是哪种出处，都表明该园的营造与水密不可分。

前园包括三秀亭、挺秀轩，有曲径通幽之意。江户时代建立的挺秀轩后来根据里千家茶道的使用习惯加建了屋檐，用以增加饮茶时的“画意”。

后园包括冰心亭、清秀庵、柳生堂、水车小屋等建筑，农家风的水车和溪水、池塘共同组成一幅田园画卷。清秀庵是典型的里千家茶室。

依水园的前园幽深，后园旷达，而后园借景东侧的东大寺南门和若草山，显得更为空灵。依水园不仅是一座幽静的庭园，也是奈良的佛寺圣山的一部分。

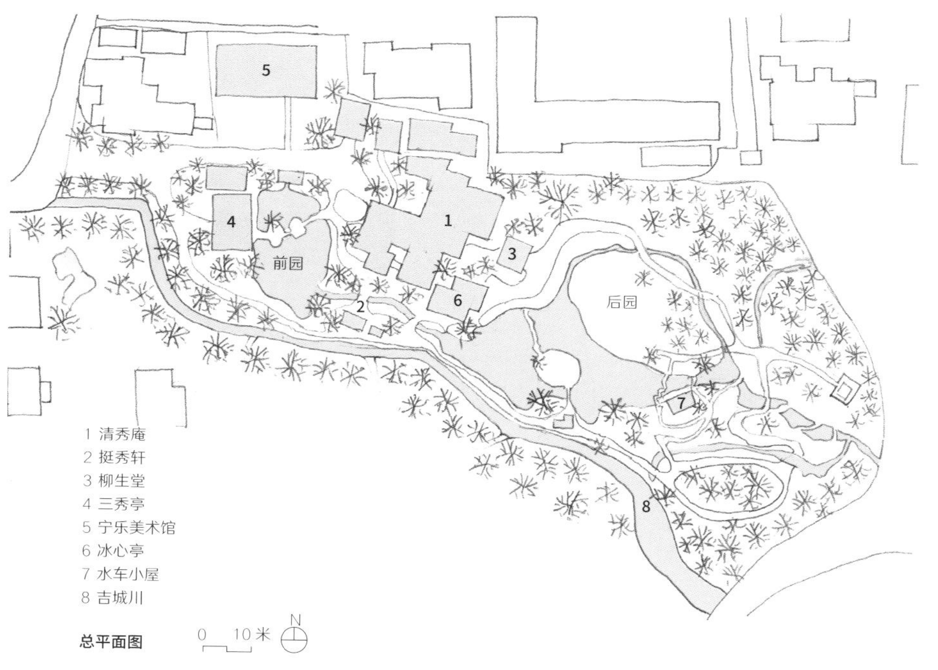

总平面图

后园与柳生堂

从后园看冰心亭

挺秀轩

前园与三秀亭

后园借景东大寺和若草山

春日大社 Kasuga-taisha Shrine

地址：奈良市春日野町 160

奈良的春日大社创建于 768 年，是日本上千座春日神社的总本社，也是奈良世界遗产的一部分。

春日大社位于奈良古城东部的三笠山中，沿着山中蜿蜒的参道可以到达。本殿由 4 栋小建筑组成，至今仍旧保留着 20 年重建一次的“式年造替”仪式。回廊在本殿处断开，三笠山成为参拜的主体。日本神道崇信万物有灵，并有神明驾神鹿而来的传说。因此，当地人视鹿为神的使者，而今，奈良街道和公园中随处可见的鹿群已经成为城市风景的重要组成部分。

神道思想成为日本文化的代表有着复杂的发展历程。根据日本古代的官方记录，佛教曾比神道更为重要。随着神道和佛教信仰的日渐融合，在建筑上也有所体现，例如春日大社就受到同时期兴福寺的影响，空间与装饰上都有佛教建筑的痕迹——当人们初次见到朱红色的柱廊、富于装饰的南门时，更多会有佛寺的印象。

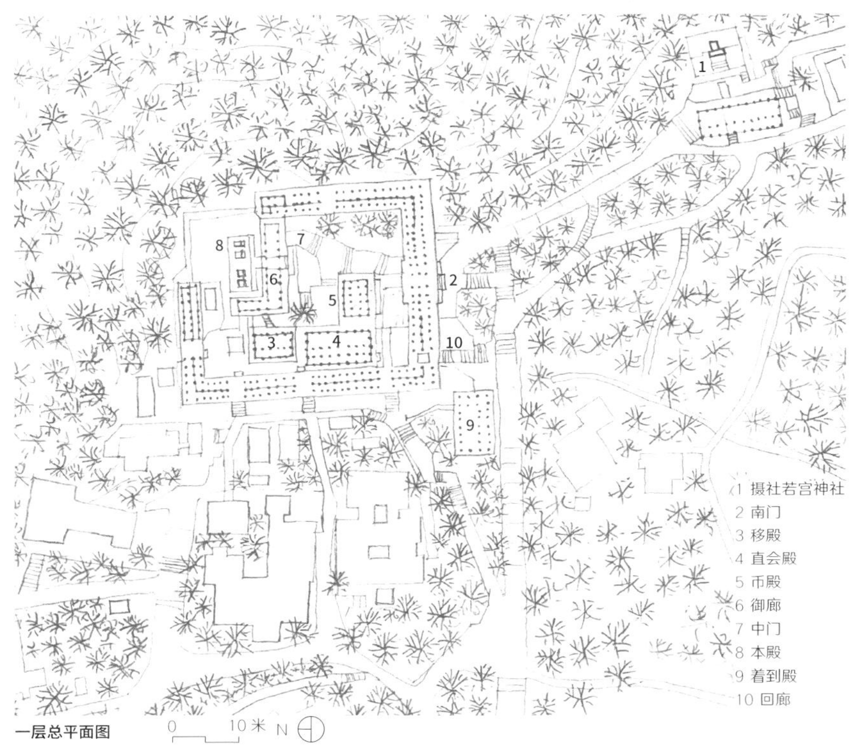

一层总平面图

明治维新时期，当时的日本政府为了尊神道为国教，推行“废佛毁释”政策，大量佛教寺院在这场运动中遭到毁坏和废弃。神道思想不仅表现在日本宗教和政治思想的各层面，而且深刻影响了文学、建筑等艺术的发展，并常常与现代的生态环境观念紧密结合。

在建筑设计领域，日本建筑师常把神社建筑与现代主义空间观念并提，例如伊势神宫简朴的造型及其与自然融为一体的特征都被赞颂为日本建筑自古就有的“现代主义特征”。然而，拥有华丽装饰的春日大社却与伊势神宫截然不同。如此看来，神社建筑与抽象、极简的现代主义空间的联系更多是一种错位的再阐释。

回廊

伊势神宫

南部山道

慈光院 Jikoin Temple

地址：大和郡山市小泉町 865

慈光院建于宽文三年（1663），是由片桐石州在其父亲的菩提寺原址上建立的临济宗大德寺派寺院，地处奈良西部的山地上，向东可鸟瞰奈良乡村的风景。

片桐石州是石州流茶道的创始人，曾师从千利休流派的桑山宗仙学习茶道，之后成为幕府将军的茶道指导，并著有《茶道师范》（『茶道師範』）一书。

沿着山路进入慈光院的表门，参道微微低于周边树林的地面，光线幽暗。转折三次后，来到茅草顶的茨木城楼门前，这才算是真正步入书院和茶室的庭园。沿着小径来到书院。书院的东侧和南侧向室外庭园完全开放，同时借景奈良盆地的风景。“高林庵”位于书院东侧，是片桐石州的茶室代表作。从慈光院的入口开始，到最东侧的私密茶室，人们途经的每个部分都是体验之旅不可或缺的。

一层总平面图

书院

参道

书院入口

庭园

远眺东侧奈良风景

室生寺 Muroji Temple

地址：宇陀市室生 78

室生寺创建于 779—782 年间，由奈良的高僧为桓武天皇祈福而建，是奈良地区山野修行的重要去处。

沿着室生川步行，穿过太鼓桥，即可到达室生寺。拾级而上，先到达古老的金堂和镰仓时代的弥勒堂，往上则是本堂，这里是真言宗举行灌顶仪式的场所。不同时代的建造痕迹与山地间形成的微妙场所感在金堂部分体现得最为淋漓尽致：金堂的屋顶并非对称，正面屋顶为后期加建；金堂的基座为阶梯状，建筑前半部分使用木柱支撑，架空的部分为后期加建。从本堂拾级而上，可见寺中最古老的建筑——五重塔，高约 16 米，仅为法隆寺五重塔高度的 1/2；桧皮屋顶与纤细的木构件共同营造出此类建筑不常见的轻盈感。

从五重塔向上，山路开始变得崎岖，在陡峭的石阶尽头是奥之院。这个幽静的小院由常灯堂、御影堂和山崖围合而成。御影堂是祭祀弘法大师空海的地方。

室生寺除了是佛教的修行场所，也是室生龙穴神的神宫寺，与万物有灵的神道思想密不可分。因为相传山中居住着神龙，所以是日本重要的祈雨圣地。沿着室生川往东约 1 千米便是室生龙穴神社和吉祥龙穴，在这里，佛教建筑的风格样式让位于自然山林，被山野神灵护佑的感受尤为强烈。

1 太鼓桥
2 表门
3 庆云殿
4 本坊
5 护摩堂
6 仁王门
7 弥勒堂
8 金堂
9 本堂（灌顶堂）
10 五重塔
11 常灯堂
12 御影堂
13 七重石塔

总平面图

金堂与弥勒堂

参道

五重塔

本堂

本堂西侧

常灯堂平台

金堂

常灯堂

从本堂看五重塔

石佛

当麻寺 Taimadera Temple　　地址：葛城市当麻 1263

当麻寺创建于 7 世纪，由圣德太子的弟弟麻吕子亲王建立，至今仍有不少建筑遗存，其中东塔、西塔是现存唯一的奈良时代双塔形制的三重塔。该寺最初的本尊是弥勒佛，后改为以当麻曼陀罗为中心的真言宗，再后，京都知恩院在寺内建立净土宗的奥院，最终形成了多种佛教派别并存的状态。

当麻寺位于二上山东麓。二上山是奈良盆地西侧山脉海拔高度较低的那部分，夕阳余辉尽现，有如“佛光西来”。因此，该地被认为是西方极乐净土的入口。特殊的地理位置使得当麻寺成为佛教修行的圣地。

该寺建立时以供奉弥勒佛的金堂为中心，讲堂，东、西双塔和金堂共同组成直面二上山的南北向轴线。在寺院转向真言宗后，新建了供奉当麻曼陀罗的本堂，朝东布置，与讲堂、金堂形成新的东西向轴线。如今，由于东西向轴线与参拜的路径一致，人在现场较易体验到，相形之下，历史久远的南北向轴线反而不容易为人所感知了。实际上，南北向轴线上的东塔和西塔都隐于山林之中，寻访古塔的路线更有曲径通幽之意。寺院的形制、历史的变迁与独特的山岳地势共同成就了这处风景名胜。

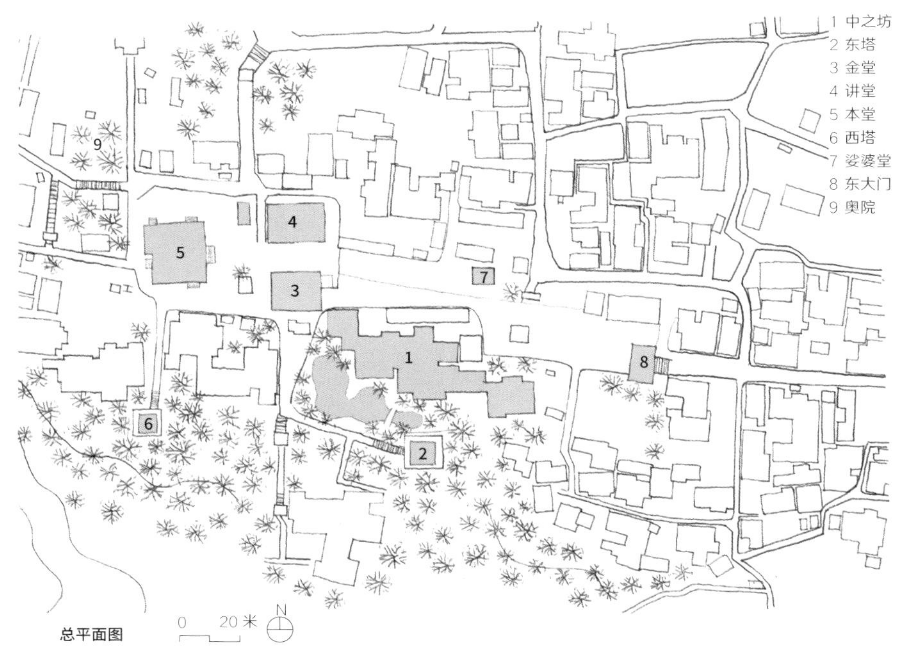

总平面图

本堂

中之坊与东塔

从本堂北侧看东塔

东大门

金堂与讲堂

净琉璃寺 Jōruriji Temple

地址：京都府木津川市加茂町西小札场 40

净琉璃寺是日本平安时代重要的净土寺院，其本堂和三重塔都是当时的代表性建筑。虽然寺院的规模不大，但其空间构成完好表达了佛教的西方净土思想。垂直的三重塔和水平的本堂隔水相望。三重塔位于水池东侧，供奉着东方净琉璃世界的药师如来，象征现世救济；本堂位于水池西侧，供奉着九座并列的阿弥陀像，是日本现存唯一的“九体阿弥陀”本堂，象征着西方极乐净土。

去往净琉璃寺需要沿着田野步行许久，途中偶见的简易木亭内，有自助蔬果售卖，足见当地的古朴民风。

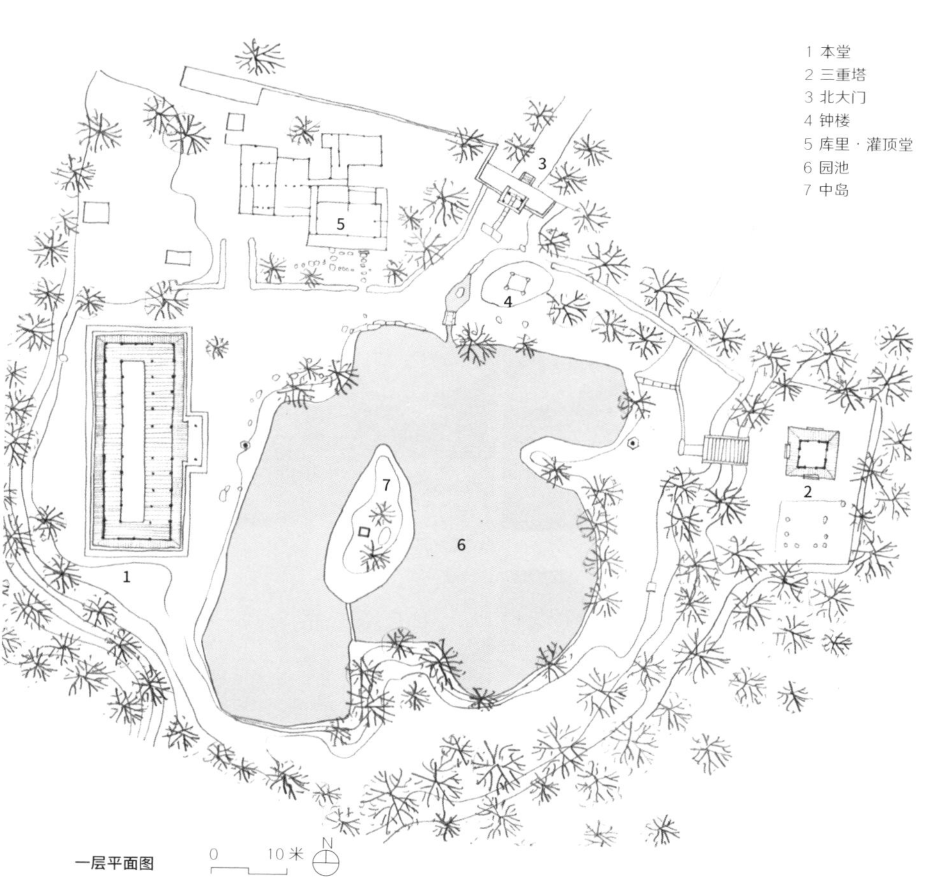

一层平面图

从园池看三重塔

三重塔

入口乡间小道上的木亭

从园池东侧看本堂

长谷寺 Hasedera Temple　地址：樱井市初濑 731-1

长谷寺创建于 8 世纪，寺院所在的初濑山自古被称为“花之御所”——既有闻名遐迩的牡丹花，也是樱花的观赏胜地，在《源氏物语》（『源氏物語』）等日本古典文学作品中都有对长谷寺的记述。该寺原是贵族寺院，后来逐渐向武士和庶民阶层开放，成为当地重要的公共寺院空间，是著名的观音灵场。

现存的本堂于庆安三年（1650）建成，分为正堂和礼堂两部分。本堂的悬造结构平台架空在山地之上，是春季赏樱的绝佳之处。寺院的登廊初建于长历三年（1039），后世多次重修，其 399 级台阶气势宏大。两侧的山路可通往长谷寺的各个塔头、佛堂和纪念处。曲折、复杂的山路与质朴、雄壮的登廊形成对比，山地建筑群的街巷感与严整的佛寺空间在此得以融合。

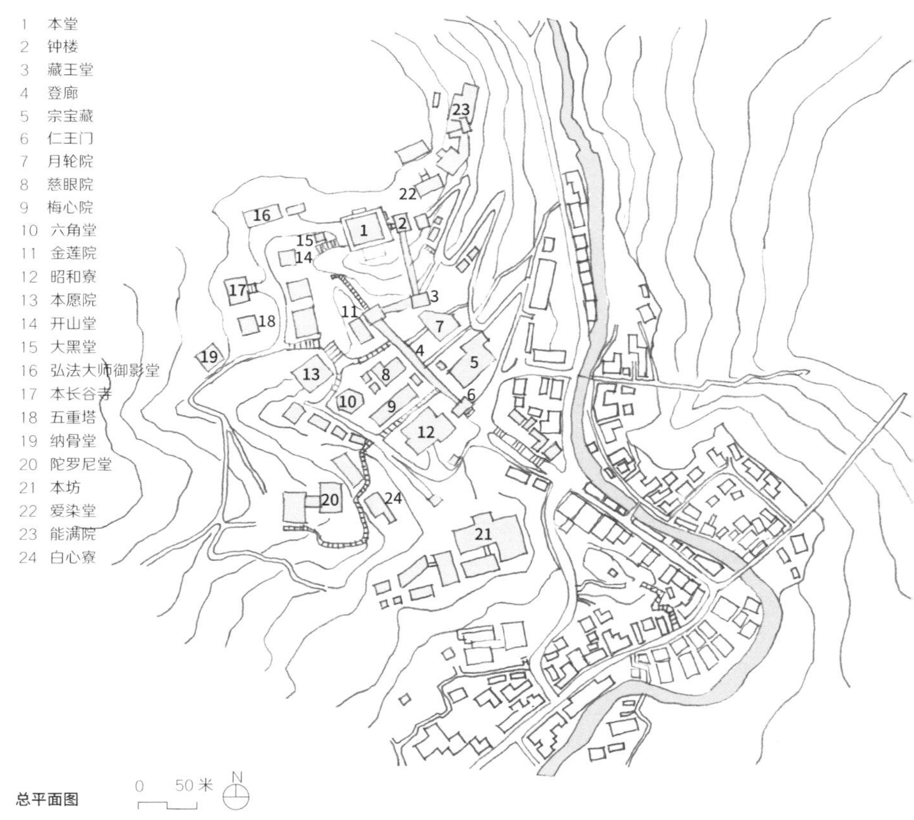

总平面图

远眺本堂

参道

本堂室内

五重塔
登廊
参道
登廊

登廊与仁王门

本堂室内

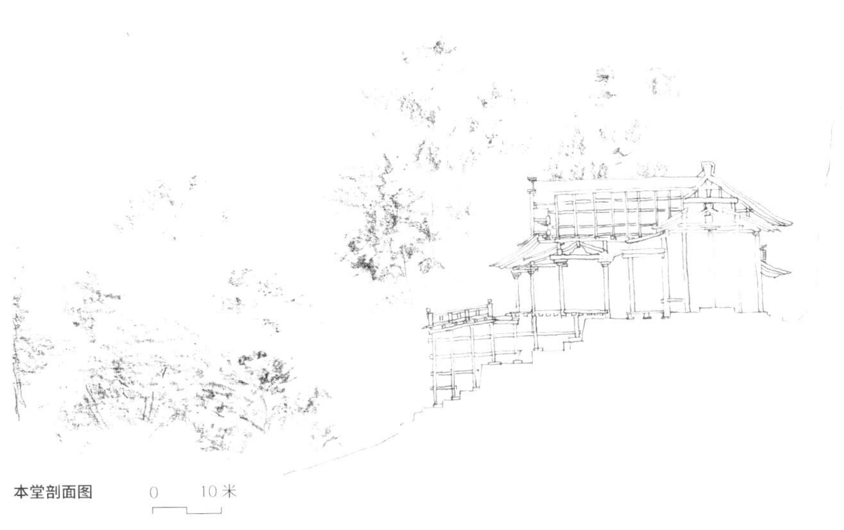

本堂剖面图

今西家 Imanishi House

地址：橿原市今井町 3-9-25

今西家位于日本历史保护村落今井町的西端。历史上的今井町曾有较大的自治权，江户时代成为“天领之地”，是重要的商业贸易中心。今井町最初是兴福寺的庄园，之后由本愿寺正式着手建设。现存的今井町以称念寺为中心，东西长 300 米，南北长 310 米。该村落曾有外濠环绕，上有 9 座桥连通出入。外濠虽未保存至今，但当年富庶景象仍可想象。

今井町的民居立面颇具地方特色：一层较为开放，常用作店铺；二层居住部分墙面封闭，只有狭小的虫笼窗，但窗形各异，富于装饰性。

今西家建造于庆安三年（1650），是今井町最古老的住宅。从街道上看，今西家屋顶的雕塑感十足，十分醒目，当地人称之为“城堡”。内部庭园并不特殊，但建筑内部的巨大土间令人震撼——土间尺寸 14 米进深、8 米面宽，交错的原木梁直接架于土间顶部，其结构形式营造出室内空间的陌生感，与街道的日常风景截然不同。

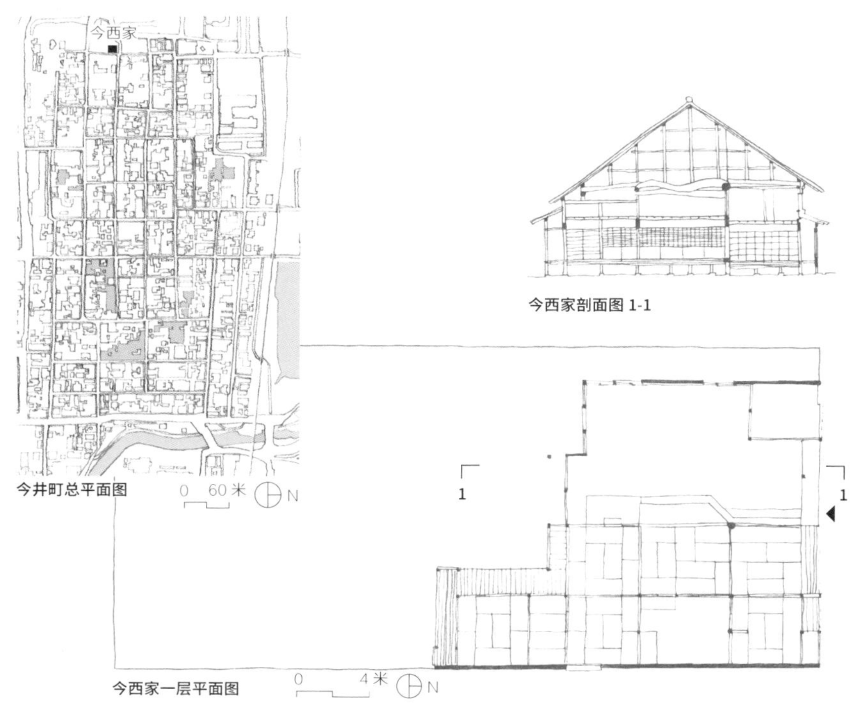

今井町总平面图

今西家剖面图 1-1

今西家一层平面图

今西家西立面

今西家土间

今井町街景

今西家土间屋架

《清作之妻》与村落共同体

我想凝视不被环境所拘束的青春、恋爱的一意孤行的姿态，这是由于人乃美丽、丰饶、强壮的存在，充满着作为人的骄傲和满足。

——增村保造

日本导演增村保造（1924—1986）在 1958 年写下《某种辩白》（「ある弁明」）一文，表明其作为导演的美学观。增村保造是日本新浪潮电影的领军人物之一，他在 20 世纪 50 年代末期开始拍摄的大量影片多聚焦于社会中个体的生命力问题。电影中的主角多精力旺盛、我行我素，完全不同于之前日本电影中一贯的温婉、克制。

他在 1965 年拍摄的改编自同名小说的《清作之妻》（『清作の妻』）以日俄战争为背景。女主角阿兼（若尾文子 饰）是一名富人的小妾，在富人去世后回到故乡的小山村，其不光彩的经历和不事农活的做派让她在村中备受歧视。不久，村中的模范青年清作（田村高广 饰）退伍归来，与阿兼相爱，并不顾村民反对，与其结为夫妻。然而，由于战争，清作再次应征入伍并负伤，回村养伤时，为阻止其再次踏上战场，阿兼刺瞎了他的双眼。阿兼因此被判入狱，出狱后，与清作重逢，并继续一起生活。《清作之妻》无日本传统生活题材电影的唯美质感，全片冲突激烈，主人公有着强烈的情感诉求，可谓完美地诠释了增村保造心目中个体作为“美丽、丰饶、强壮的存在”。

一、“现代”的电影方法论

为何增村保造如此执着表现人的“美丽、丰饶、强壮的存在”呢？这与其个人经历和美学价值观密切相关。1952 年，增村保造在意大利留学期间深受意大利新现实主义思潮的影响，他曾撰写《维斯康蒂论》（「ルキノ·ヴィスコンティ論」），文中说：“意大利人的热情如动物般率真，并非像其他欧洲国家那样善于用技巧隐藏自我。他们就如田野间的农夫……在历史长河中，权力、金钱、名誉等世俗的价值都是空虚无力的，只有爱情才能永恒长存。为了爱，财产都可以舍弃，甚至毁灭自己的生命。这并非是年轻人不成熟的冲动，而是老者视死如归的爱。”在这样的美学观念影响下，增村保造在执导初期写下了《某种辩白》：

影评人说（我的电影）干巴，没有情绪；评论说人物喜剧性夸张，有轻佻感而无真实感，还有胡闹般的快节奏；环境描写、氛围描写全然没有，无味无趣。

但是，如果允许辩白的话，我想说，我是有意识舍弃了情绪，使真实变形。我否定情绪。因为所谓日本电影中的情绪乃是抑制，是调和，是放弃，是哀伤，是败北，是逃遁。因为日本人过于抑制自己的欲望，所以很容易迷失自己的本心。

> 日本人自身的生命过于强烈地受到环境的支配，奔放自由的个性极为稀有，几乎大部分人都埋没在环境之中，电影也是。比之人本身，电影对人所处的环境的描写更主要，人最多是作为与环境相应的一个摆设品。
>
> 我想凝视不被环境所拘束的青春、恋爱的一意孤行的姿态，这是由于人乃美丽、丰饶、强壮的存在，充满着作为人的骄傲和满足。

增村保造声称他的电影方法论是“在日本电影中建立现代人的肖像”，而这篇文章不仅是他个人的美学宣言，也代表了同时期年轻一代导演，诸如大岛渚等人的艺术理念。

二、村落共同体的电影“传统”

增村保造出生于 20 世纪 20 年代，经历过日本的战争动荡期，战后开始其执导生涯时，日本电影界正掀起反思战争题材的浪潮。在个人经历和行业趋势的影响下，增村保造在60 年代拍摄了数部批判战争的电影，《清作之妻》就是其中的代表作。

1.“传统”的时代剧

日本电影界有两个特定的词——“时代剧”和“现代剧”。顾名思义，“时代剧”描绘的是日本过去的事情，而“现代剧”则是表现当下社会状态的影片。在日语中，“时代剧”通常范围限定在日本本国，日本以外的古代电影则被称为“历史剧”或者“史剧”。在 20 世纪 30 年代，日本时代剧电影的数量远远多于现代剧。50 年代，大量的日本时代剧电影在国际上大放异彩，《罗生门》《雨月物语》和《地狱门》等影片在欧洲的电影节上斩获各大奖项。

增村保造描绘过去战争的电影虽然可以划归广义上的“时代剧”，但其影片，尤其是《清作之妻》，与普遍时代剧中的传统意识完全不同。

早在 1924 年，小说《清作之妻》就被改编搬上银幕，而原著和这版电影的结尾都是清作和阿兼无法忍受村民的歧视而自杀。在日本的传统观念中，女性是隐忍的，而在感伤艺术中，男女为情而死又是常见的情节；但是，增村保造电影版本的结尾是阿兼带着失明的清作继续坦荡地下田耕种，恩爱生活。因此，虽然其电影的时代背景设定在过去，却是真正的“现代剧”，影片中个人强烈的生存意志、情感和欲望取代了原著古典的悲情。

电影展现出来的“传统”，其本质是一种艺术的再创作，这种创作涉及的文化观念并非是确定不变的——描绘历史的电影也可以拥有强烈的现代意识。

2. 村落共同体

《清作之妻》描绘的是传统村落中的生活事件，而村落是日本传统文化的重要组成部分，“村落共同体”的概念在日本被广泛接受。传统的日本社会以劳动集约型农业为基础，村落既是生产的组织单元，也内化了相关的习俗和制度。村落共同体在战后急速的工业化过程中逐渐解体，而近年由于地方振兴的需求使之再次得到关注。日本电影既有对乡村田园生活的赞美，也不乏对乡村社会制度的批判。

对于村落共同体，许多导演满怀赞许与温存之情。例如内田吐梦在 1939 年拍摄的《土》（土），改编自长塚节的长篇小说，讲述了一家农人的生活以及村落的自然风景、风俗和庆典活动。20 世纪 70 年代，纪录片导演小川绅介带领团队深入日本村落，拍摄了《日本国古屋敷村》（ニッポン国 古屋敷村）和《牧野村千年物语》（1000 年刻みの日時計 牧野村物語）等影片。在耗时 13 年拍摄《牧野村千年物语》期间，他与村民共同生活，甚至还研究水稻种植。小川绅介的团队无疑已成为村落共同体的一部分，其在乡村的真实生活和纪录片中的一帧帧影像共同组成了村落的赞歌。

导演新藤兼人于 1960 年拍摄了《裸岛》（裸の島），讲述一家人在日本濑户内海的一个孤岛上的生活，以简洁、静默的影像语言展现了劳作的意义。该影片去除了所有村落共同体的外部因素，只有自然的山海和一家四口人，这是来自广岛农村的新藤兼人想象中的乌托邦，他在剧本中写道“这个岛就是神话世界里的乌托邦”。在他看来，只有面向纯粹的土地，去除所有额外附加的制度和社会属性，生活的意义才能显现。

对于村落共同体的批判主要集中于村落受到的各种社会制度的制约。在 1954 年上映的《二十四只眼睛》（二十四の瞳）中，导演木下惠介以感伤的情调描绘了战争动荡中小豆岛上学生们的生活。天真无邪的乡村孩子作为村落共同体的成员，其命运无可避免地会受到国家政治的影响，应征入伍的学生们大多沦为战争的牺牲品。导演大岛渚的《饲育》（飼育）改编自大江健三郎的小说，而村落共同体在这部影片中成为国家的隐喻。通过美国黑人士兵的他者视角，探讨了村落共同体看似统一，实则充满裂痕且没有个体能动性的内在状态。

增村保造的《清作之妻》和《饲育》类似，批判了村落共同体没有主体性的社会属性，村民列队举旗欢迎战争英雄清作的场景透露出国家意识形态在乡村的全面渗透。然而，当清作和阿兼反叛村落共同体后，在田间劳作的场景却呈现出浪漫化的氛围，这与《裸岛》对个体劳动的赞美相似。《清作之妻》既批判了村落 - 国家共同体，又赞美了乡村中个体劳作的“乌托邦”精神。

三、影像的对立法

增村保造的《清作之妻》中有大量日式榻榻米空间的低角度摄影和非对称构图，这并非表达日常的宁静氛围，而是呈现了空间的社会等级意识，形成了人与人之间的对立感。

1. 低角度摄影

谈起低角度摄影，人们首先想到的是以小津安二郎为代表的描绘庶民日常生活的影片，其含蓄、隽永的低角度镜头是日本美的代表。在他的第一部有声电影《独生子》（一人息子）的开头，土间的尘埃飘荡在空气中，一片静谧中，儿子与母亲坐在传统农宅的榻榻米上，轻声讨论着学业的前程。农家空气中的尘埃之美，反衬出母子间的深厚感情，画面充满宁静的情绪质感。

然而，增村保造低角度摄影的意义与小津安二郎完全相反。同样是在乡间住宅中，《清作之妻》的低角度摄影却充斥着等级感和压迫感。当阿兼还是小妾时，数个低角度场景描绘她收拾餐具和食物：榻榻米的房间中，前景是精致的餐盘，阿兼隔着障子门在后面。看似水平无进深的构图，通过画面中人物和食物及其器皿的对比，表达出人物的低下地位。类似的低角度摄影在影片中多次出现，例如阿兼恳求清作做客喝酒时，土间入口的高差；上级军官检视清作被刺后的伤情时，坐在榻榻米上的矮凳上斥责清作的场景，都呈现出影片中人物身份的不对等。

增村保造通过低角度摄影，在影片中构筑出对立的“情绪”氛围，这种情绪不是感伤，而是一种权力等级下的“压抑”。

2. 非对称与对称

增村保造《清作之妻》中，大量镜头呈现的是黑白画面的非对称构图，不同于一般日本电影中的日常之美，其中满是压迫感。

影片开始，清作回村和出征都有村落的集会群戏。在这些镜头中，人物的形象是模糊的、无中心的，村落共同体的集体意识暗藏于这种非对称构图中。在池田村役场（公所）欢送清作再次出征的场景中，前景是村中妇女和酒食餐盘，中景是欢聚豪饮的人群，远景是集会的主角清作，背景则是挂有天照大神的墙面。物件把模糊的人群分成不同等级，由近及远，而作为日本国家神道象征的天照大神挂轴直接把村落的集体意识和神道理念关联在一起。

清作在村中敲钟和村民庆祝战争的场景都是非对称构图，清作与阿兼的交流也大多是非对称的，这些都暗示着等级的差异。在此，日本电影中常见的非对称构图之美，让位于对“等级”的描述，并通过各种物件强化场景中权力的象征性。

影片中的阿兼虽然弱势，但其生命力却张扬至极，不断地和清作说着“亲爱的，永远别离开我”“我想要的只有你的爱”。阿兼强烈的个人情感是通过对称构图的影像来呈现的，影片后段表现阿兼和清作二人的独处场景也是对称构图，例如阿兼刑满回家，与清作相拥而泣，而此时清作的一段对白成为这组镜头的最好诠释：“我很高兴你能回来，但当他们开始排挤我时，我才明白你所经历的一切，我才明白什么是孤独。多亏了你，我才成为一个正常的人……我们可以逃走，去任何地方……直到有一天，我们埋葬在一起。”阿兼强烈的爱使得清作身上背负的村落 - 国家的象征性逐渐瓦解，影片对村落共同体的批判也转向了对个体情感的肯定。

影片最后，场景转向阿兼带着失明的清作前往田地，阿兼第一次拿起农具从事劳作。镜头先是锄头的特写，再切入阿兼在农田正中央的影像。松动的泥土、田边端坐的清作、挥舞锄头的阿兼都通过影像的对称性表达得淋漓尽致，其中暗含着导演的价值观：只有面向土地，人的情感本质才得以显现，才会成为真正意义上的“人”。

基于对现代性、村落共同体概念的深刻理解，增村保造以独特、富有感染力的电影语言展现出个体的生命之美，肯定了劳作基础上的生命价值。

京都祇园祭 （歌川广重，19 世纪）

来源：歌川广重．诸国名所百景．日本国立国会图书馆电子文档．https://dl.ndl.go.jp/info:ndljp/pid/1307518

京都 Kyoto

京都鸭川

京都古园分布

底图来源：https://map.tianditu.gov.cn/2020/ 天地图 GS(2021)1487 号 - 甲测资字 1100471

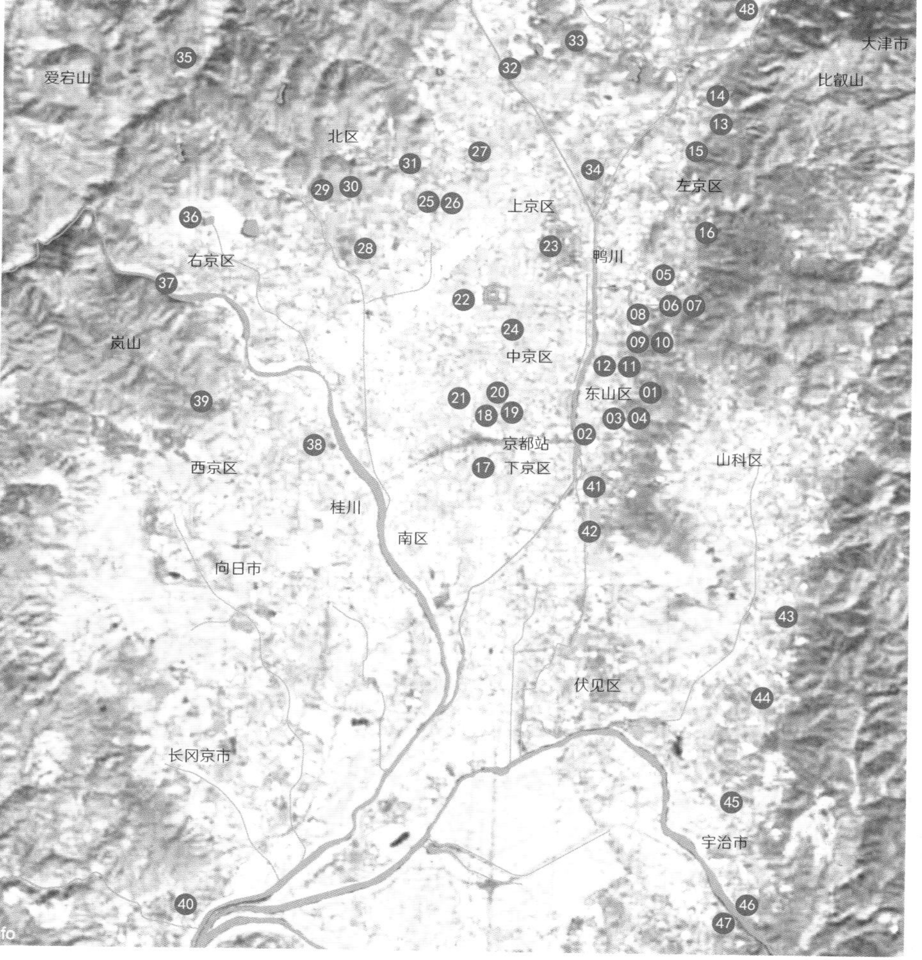

01 **清水寺**
地址：东山区清水 1-294

02 **三十三间堂**
地址：东山区三十三间堂回町 657

03 **妙法院**
地址：东山区妙法院前侧町 447

04 **智积院**
地址：东山区东大路通七条下东瓦町 964

05 **平安神宫**
地址：左京区冈崎西天王町 97

06 **南禅寺**
地址：左京区南禅寺福地町 86

07 **金地院**
地址：左京区南禅寺福地町 86-12

08 **无邻庵**
地址：左京区南禅寺草川町 31

09 **青莲院**
地址：东山区粟田口三条坊町 69-1

10 **知恩院**
地址：东山区新桥通林下町 400

11 **高台寺**
地址：东山区下河原町 526

12 **建仁寺**
地址：东山区小松町 584

13 **曼殊院**
地址：左京区一乘寺竹之内町 42

14 **修学院离宫**
地址：左京区修学院薮添

15 **诗仙堂**
地址：左京区一乘寺门口町 27

16 **银阁寺**
地址：左京区银阁寺町 2

17 **东寺**
地址：南区九条町 1

18 **西本愿寺**
地址：下京区本愿寺门前町

19 **涉成园**
地址：下京区乌丸通七条上

20 **燕庵**
地址：下京区西洞院通锻冶屋町 430

21 **角屋**
地址：下京区西新屋敷扬屋町 32

22 **二条城**
地址：中京区二条通二条城町 541

23 **京都御所**
地址：上京区京都御苑 3

24 **吉田家**
地址：中京区六角町 363

25 **北野天满宫**
地址：上京区御前通今出川上马喰町

26 **大报恩寺**
地址：上京区今出川上沟前町

27 **大德寺**
大仙院，龙源院，瑞峰院，
黄梅院，高桐院，孤蓬庵
地址：北区紫野大德寺町

28 **妙心寺**
退藏院
地址：右京区花园妙心寺町

29 **仁和寺**
地址：右京区御室大内 33

30 **龙安寺**
地址：右京区龙安寺御陵下町 13

31 **金阁寺**
地址：北区金阁寺町

32 **上贺茂神社**
地址：北区上贺茂本山 339

33 **圆通寺**
地址：左京区岩仓幡枝町 389

34 **下鸭神社**
地址：左京区下鸭泉川町 59

35 **高山寺**
地址：右京区梅畑栂尾町 8

36 **大觉寺**
地址：右京区嵯峨大沢町 4

37 **天龙寺**
地址：右京区嵯峨天龙寺芒之马场町 68

38 **桂离宫**
地址：西京区桂御园

39 **西芳寺**
地址：西京区松尾神谷町 56

40 **待庵**
地址：乙训郡大山崎町大山崎小字龙光 56

41 **东福寺**
地址：东山区本町 15-778

42 **伏见稻荷大社**
地址：伏见区深草薮之内町 68

43 **醍醐寺**
地址：伏见区醍醐东大路町 22

44 **法界寺**
地址：伏见区日野西大道町 19

45 **万福寺**
地址：宇治市五庄三番割 34

46 **宇治上神社**
地址：宇治市宇治山田 59

47 **平等院**
地址：宇治市宇治莲华 116

48 **三千院**
地址：左京区大原来迎院町 540

清水寺 Kiyomizudera Temple

地址：东山区清水 1-294

清水寺是法相宗的寺院。不同于同时代的贵族寺院，清水寺从平安时代开始一直都允许平民参拜。历史上曾数次被毁后重建，现为京都的文化圣地。

寺内建筑沿音羽山地而建。相传清水寺是因为僧人贤心在音羽山见到金色的水流（音羽瀑布）和观音的化身而发愿建成的。奥之院建在音羽瀑布旁。本堂的悬造平台又被称为“清水的舞台”，由 100 多根柱子支撑。市民在古代就可登临悬造平台，鸟瞰京都的城市风景，这种特有的公共性使清水寺一直深受人们喜爱。

清水寺外林立的商铺已有几百年历史。不规则的寺院布局也如城市中的街道，展现着延续至今的生活的多姿多彩。

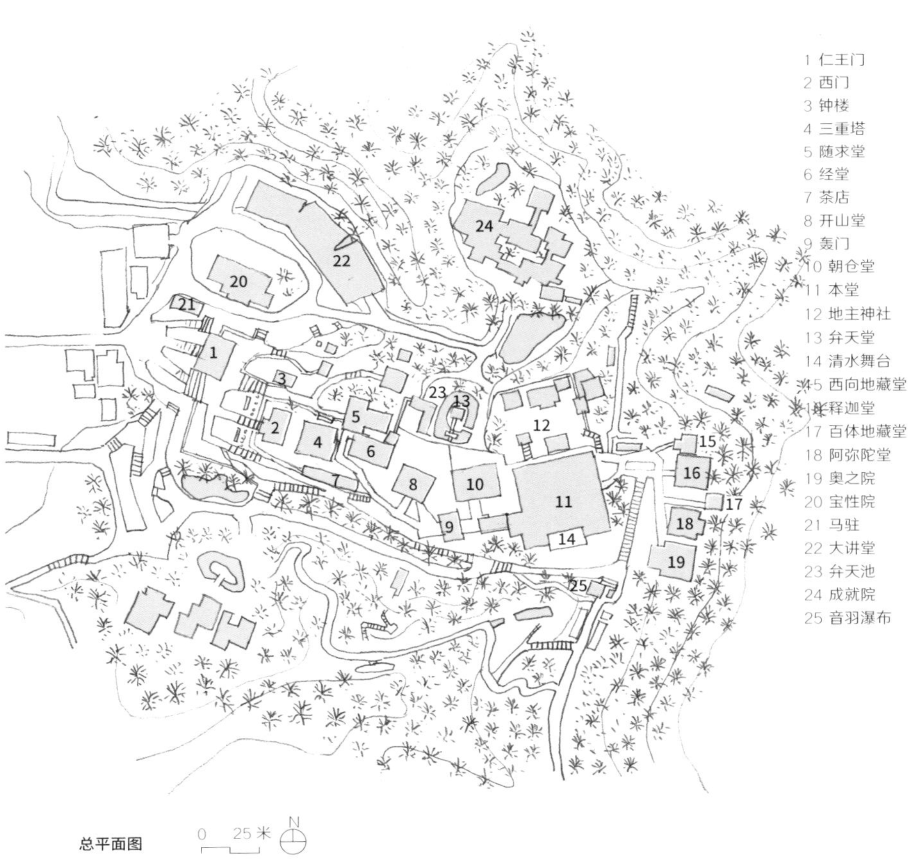

总平面图

本堂与京都风景

本堂

仁王门

本堂的悬造木结构

三重塔

智积院 Chishakuin Temple

地址：东山区东大路通七条下东瓦町 964

智积院是真言宗智山派总本山，本尊为金刚界大日如来。大书院的障壁画为画家长谷川等伯父子所作，这些以樱花、松、梅等为题材的绘画都饰以金箔，十分华贵。

桃山时代的大书院庭园相传由著名的茶人千利休所建，却非“侘寂”的淡雅，而是具有绮丽华美的美学特征。其中的叠山模仿了中国的庐山，呈现了庭园主人对仙境的想象。杜鹃花开之时，室外的红艳之花与室内金色的障子交相辉映，绚烂无比。

庭园

总平面图

平安神宫 Heian Shrine

地址：左京区冈崎西天王町 97

1895 年，为庆祝平安京迁都 1100 年，明治政府修建了平安神宫，以 5 : 8 左右的比例复原了平安京大内的部分建筑。平安神宫由建筑师木子敬清和伊东忠太共同设计，建筑参考了后白河法皇的《年中行事绘卷》（年中行事絵巻）等文献所记录的风格样式，由大极殿、白虎楼、苍龙楼、东西回廊、应天门等组成。神苑庭园由造园家小川治兵卫主持修建，并引入琵琶湖湖水造景。

除了建筑和庭园的营造，平安神宫前的神宫道尽端建有约 24 米高的鸟居，两侧的美术馆、博物馆和各种文化设施共同组成了现代京都的城市公共空间。京都三大传统庆典之一的“时代祭”每年会在平安神宫举行。

内院

总平面图

南禅寺 Nanzenji Temple

地址：左京区南禅寺福地町 86

南禅寺位于京都的东山山麓。该地最初是皇室营造的离宫居所，后由龟山上皇改为禅寺，在室町时代成为规格高于京都五山和镰仓五山之上的禅宗寺院。其中方丈、天授庵、金地院的庭园都是日本著名的禅宗庭园。方丈中的“虎渡之庭”和金地院的“龟鹤之庭”相传为小堀远州之作。

南禅寺的重要地位使其经常在动乱中首当其冲，曾经的伽蓝多被焚毁。沿着三门的主轴线，存留至今的建筑只有三门、法堂和方丈。近代修建的作为京都城市供水体系的砖拱琵琶湖引水渠在南禅寺境内通过，与历史遗迹一起，呈现出这座禅宗寺院的残缺美。

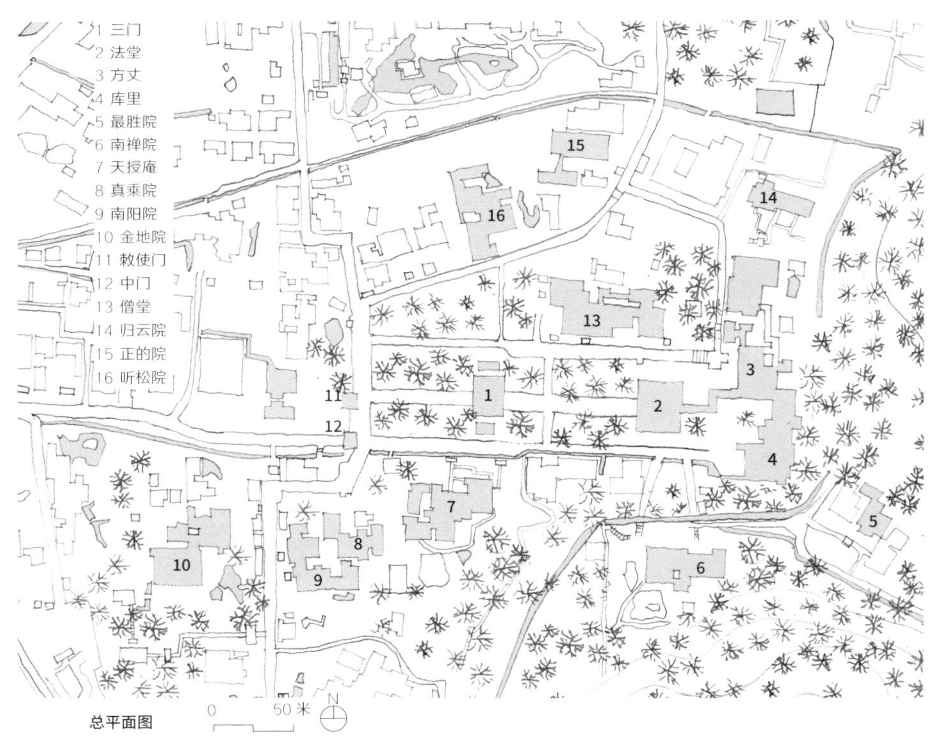

总平面图

三门

庭园

琵琶湖引水渠

从三门看法堂

方丈入口

金地院 Konchiin Temple

地址：左京区南禅寺福地町 86-12

金地院创立于室町时代，现藏有众多艺术品，包括长谷川等伯《猿猴捉月图》（猿猴捉月図）在内的名家画作，久负盛名的“龟鹤之庭”和“八窗席”茶室也在此地。

院内地貌南北分野。北侧平缓处坐落着“龟鹤之庭”。这座枯山水庭园由小堀远州设计，以园中的“鹤石”和“龟石”命名，红叶时节的景色尤为动人。高低错落的南部被设计为回游式庭园，包括弁天池和纪念德川家康的东照宫。

位于方丈北部的“八窗席”是小堀远州的茶室代表作，其中窗户、躏口、中柱和边柱的设计各有巧思，打破了以千利休茶室为样板的那种传统上的封闭感。该茶室中实际只有六扇窗，而“八窗”是虚指窗户数量之多，以此来表达其空间的开放性。这是小堀远州“绮丽寂”美学的代表作。

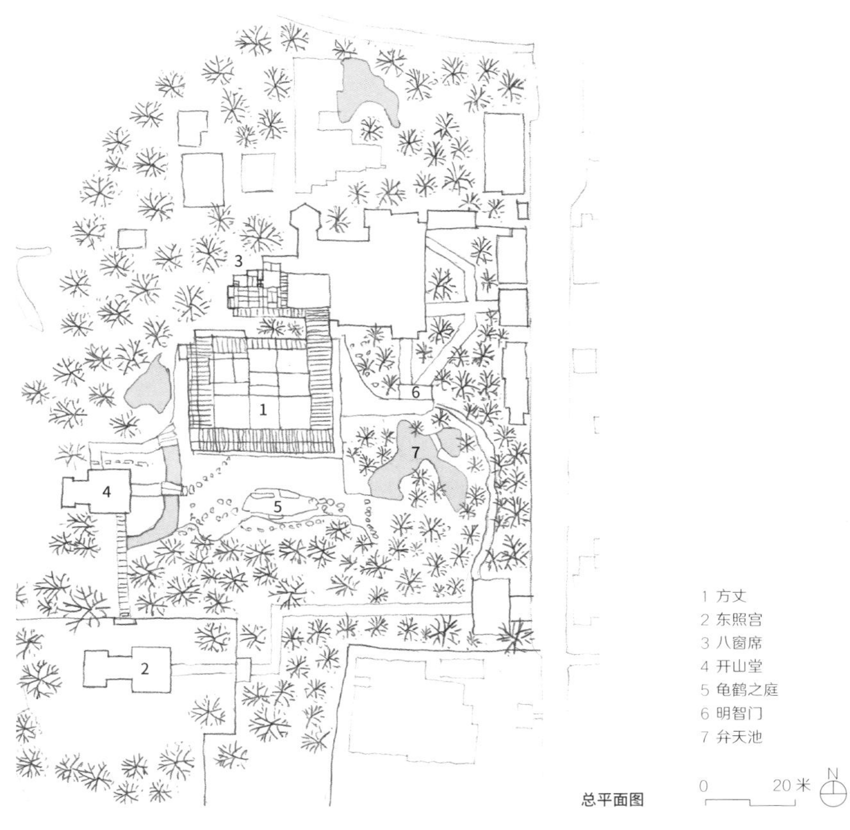

总平面图

龟鹤之庭

方丈室内

入口

方丈与龟鹤之庭

方丈室内

松林图屏风（长谷川等伯，16 世纪）
来源：沃克. 日式庭园. 郑杰，译. 北京：北京美术摄影出版社，2018.

猿猴捉月图（长谷川等伯，16 世纪）
来源：沃克. 日式庭园. 郑杰，译. 北京：北京美术摄影出版社，2018.

八窗席茶室

从开山堂看龟鹤之庭

东照宫

从方丈内看龟鹤之庭

弁天池

东照宫入口

无邻庵 Murinan Garden

地址：左京区南禅寺草川町 31

无邻庵是明治时代政治家山县有朋的私家庭园，由造园家小川治兵卫主持修建，于明治二十九年（1896）建成，是该时代回游式庭园的代表作。

整个无邻庵占地 3000 多平方米，庭园的场地是不规则的三角形，东西方向狭长。精巧的景观设计总使人感觉眼前有景，尺度亲切，又其因地处南禅寺附近，可借景东山，有小中见大之感。

该设计巧妙利用场地不规则的宽窄变化形成丰富景观，消解了空间上的局促感，其中水景的营造最有特色：水源引自琵琶湖，由庭园东侧细狭处泻下瀑布，在低处汇聚为宽阔的池面，而后又在视野开阔的腹地蜿蜒分为两支溪流，气象平远。

一层平面图

主屋

庭园

从主屋往北看庭园

东侧街景

从主屋往东看庭园

高台寺 Kōdaiji Temple　　地址：东山区下河原町 526

高台寺是丰臣秀吉的夫人在庆长十一年（1606）修建，以供为其夫祈求冥福之用。该寺属于禅宗临济宗，伽蓝的基本格局与大德寺等的塔头格局类似，另外还有灵屋用以丰臣秀吉的家族祭祀。

高台寺方丈枯山水庭园中的山地庭园和茶室非常特别。山地庭园围绕开山堂和灵屋布局，卧龙廊架水而建，建筑与水景的边界模糊，这在传统禅宗庭园中十分少见。断墙、连廊与草地中的孤石充满岁月沧桑之感。山林中散落着几座小茶室，其中桃山时代的伞亭（又称“安闲窟”）与时雨亭尤为精彩：二者一矮一高，一抑一扬，封闭与远眺、内省与开朗的场所氛围同时在场，相得益彰。

总平面图

观月台与开山堂

参道

方丈东立面

遗芳庵

观月台

庭园

立面图 A-A

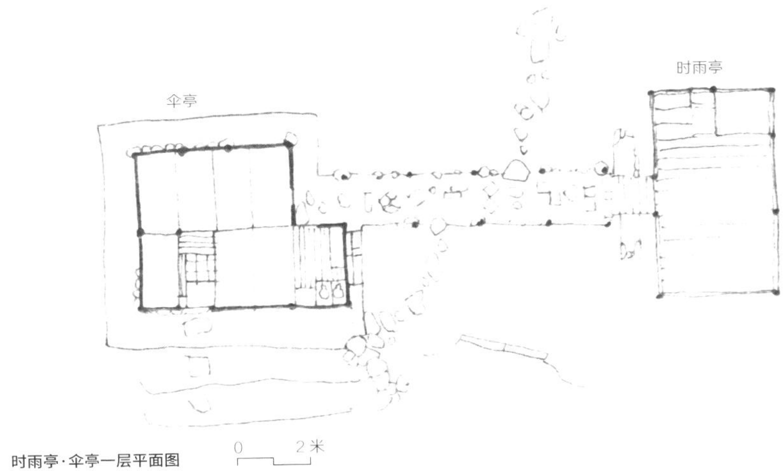

时雨亭·伞亭一层平面图

时雨亭

伞亭屋顶结构

时雨亭与伞亭

建仁寺 Kenninji Temple　地址：东山区小松町 584

由僧人荣西开山的建仁寺是日本早期禅宗寺院的代表，其中的方丈建筑可追溯到室町时代。茶室相传为千利休弟子设计。

建仁寺原藏有一幅仙崖义梵的绘画《○□△图》（○□△図）。该画以最基本的圆、方和三角形的构成来表达禅宗对世界的认知，化大千世界于抽象之中。几何母题在方丈的枯山水庭园中也有出现。

从方丈庭园看法堂

总平面图

抽象几何枯山水的庭园

○□△图（仙崖义梵，18—19 世纪）

来源：沃克. 日式庭园. 郑杰，译. 北京：北京美术摄影出版社，2018.

曼殊院 Manshuin Temple

地址：左京区一乘寺竹之内町 42

曼殊院是天台宗的门迹寺院，与桂离宫建造于同一时代，是典型的数寄屋风格的书院造建筑，又被称为“小桂离宫”。曼殊院主要由库里、大书院、小书院和茶室“八窗轩”组成，其中后二者最为精彩。小书院中形式各异的纹样装饰展现出独特的审美；“八窗轩”小巧精致，其侧窗和天窗共同营造着品茶空间的开放感。

庭园

小书院

庭园一角

总平面图

修学院离宫 Shugakuin Imperial Villa

地址：左京区修学院薮添

修学院离宫位于京都比叡山山麓，园内的池塘和溪水引自音羽川。14 世纪时，修学院的所在地已经是日本的登山胜地，并在历代天皇的主持下展开大规模的营造活动。

修学院分为上茶屋、中茶屋、下茶屋三大区域，加上周边的农田山林，总面积有 54 万平方米，是京都庭园中少见的大型回游式庭园。游览路径从下茶屋开始，依次经过表门、寿月观；沿松道而上，至中门，抵达中茶屋，即之后建立的乐只轩与客殿；上茶屋所处位置最高、面积最大，有邻云亭、穷邃阁、千岁桥、西浜、雄瀑布等庭园理景，景致开阔。

纵览修学院离宫，虽远离喧嚣，却可遥望城市；本为山地，却引水造园。如此精妙的庭园亦非一夕造就。上茶屋和下茶屋主要由后水尾上皇在 17 世纪完工，在中茶屋的位置修建乐只轩，与桂离宫为同一时期的庭园；之后由皇女设立林丘寺；到德川幕府时，修学院大修，并在上茶屋新建千岁桥。如今天然真趣的庭园是数代营造、修葺的结果。

小贴士：需网络申请预约参观，也可现场申请（不一定有参观名额）

冬季的上茶屋与远山

客殿室内

雄瀑

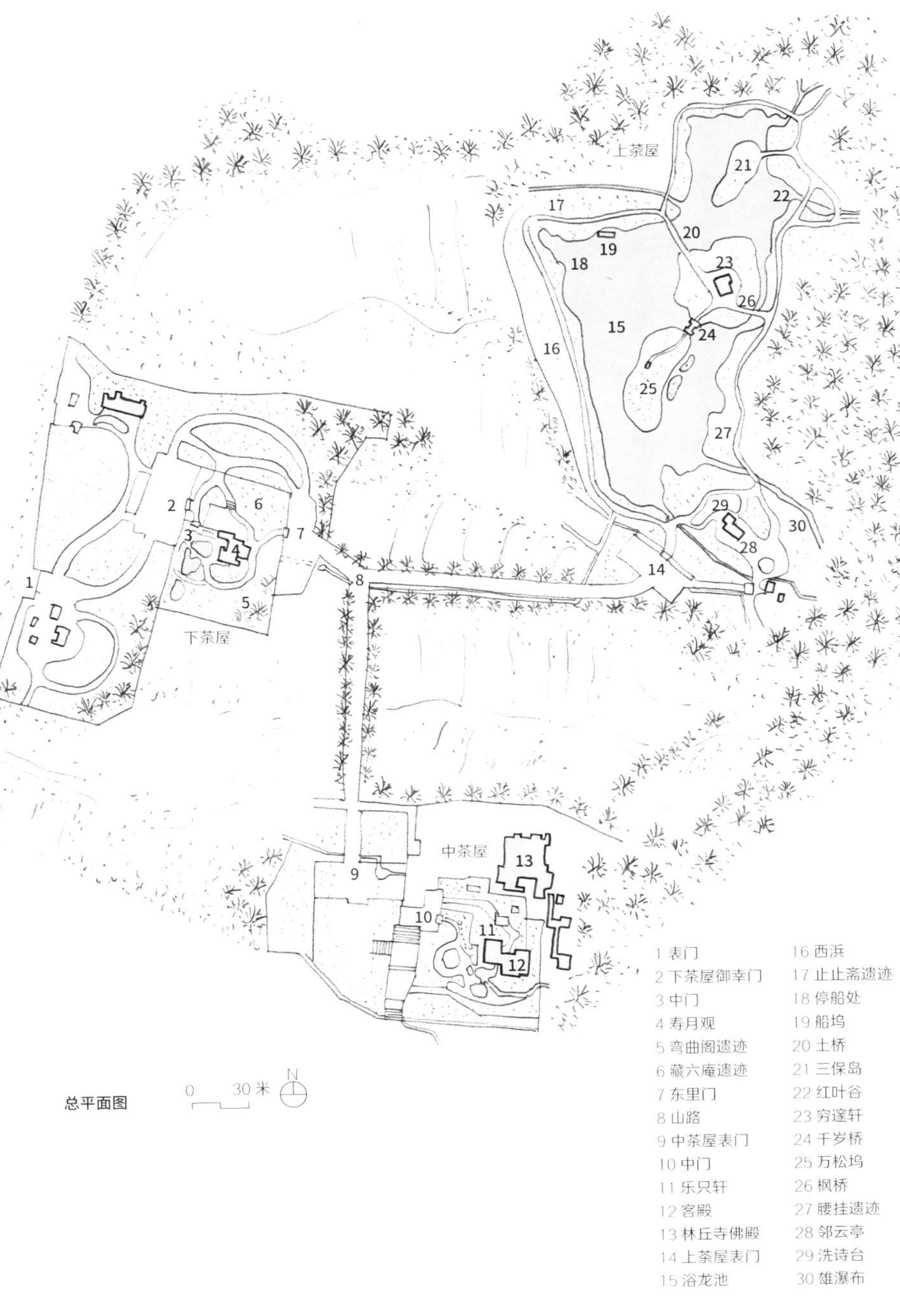
上茶屋
下茶屋
中茶屋
0 30 米
N
1 表门
2 下茶屋御幸门
3 中门
4 寿月观
5 弯曲阁遗迹
6 藏六庵遗迹
7 东里门
8 山路
9 中茶屋表门
10 中门
11 乐只轩
12 客殿
13 林丘寺佛殿
14 上茶屋表门
15 浴龙池
16 西浜
17 止止斋遗迹
18 停船处
19 船坞
20 土桥
21 三保岛
22 红叶谷
23 穷邃轩
24 千岁桥
25 万松坞
26 枫桥
27 腰挂遗迹
28 邻云亭
29 洗诗台
30 雄瀑布

总平面图

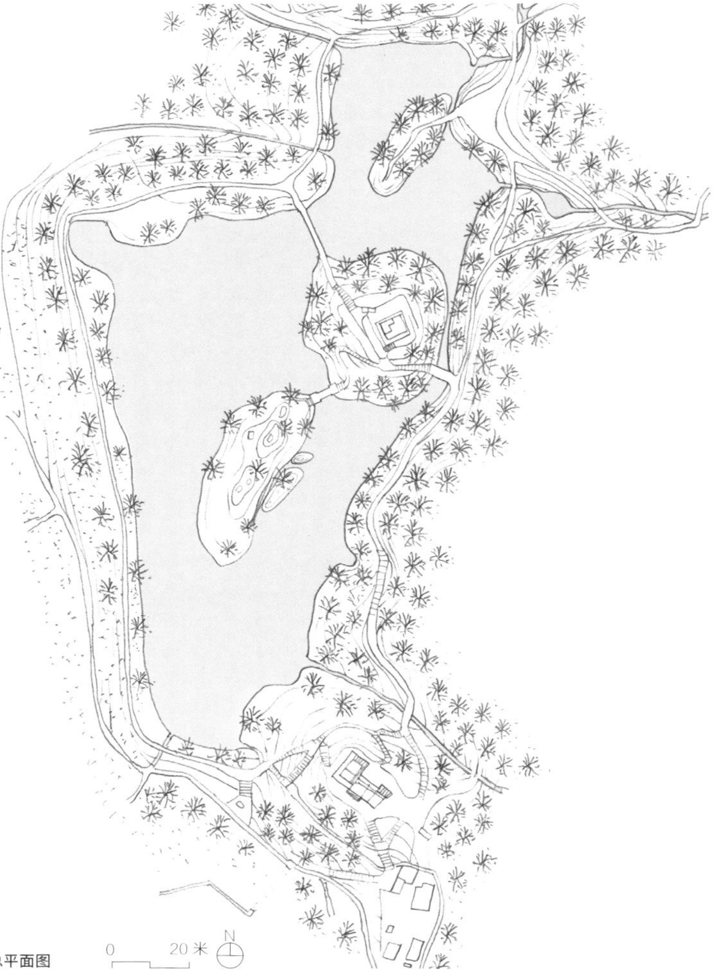

上茶屋总平面图

0 20米 N

西浜

下茶屋总平面图

中茶屋总平面图

山路

乐只轩

从西浜远眺千岁桥

修学院离宫与谷口吉郎

日本建筑师谷口吉郎（1904—1979）出生于日本石川县金沢市，毕业于东京帝国大学（现东京大学）工学部建筑学科，其毕业研究由伊东忠太教授指导，毕业设计是“制铁所”。他在研究生阶段师从佐野利器教授，研究工业建筑，毕业后，任教于东京工业大学，并从事建筑风压研究。1938 年，为了日本驻德大使馆的建设，谷口吉郎受外务省委托远渡德国，1939 年回国，之后长期在东京工业大学从事研究和设计工作。

一、谷口吉郎的探索

作为日本现代主义先驱的代表之一，谷口吉郎在建筑技术方面投入大量精力，其主持的建筑风压研究获得了日本建筑学会学术奖。他在秩父水泥第二工厂设计中延续了研究生期间的工业建筑研究，使之成为日本现代工业建筑的代表作。他设计的东京工业大学水利实验室是日本最早的现代主义建筑之一。

除了对现代主义的探索，谷口吉郎有相当多的作品与塑造日本传统美相关，其获得第一届日本建筑学会作品奖的藤村纪念馆以和风庭园演绎出经典的诗意之美。谷口吉郎在世时唯一的作品专著是《东宫御所 建筑·美术·庭园》——日本传统美研究的心血之作。此外，谷口吉郎对诗歌也格外着迷，1940 年，他与诗人木下奎太郎一同组建“花之书会”，创刊《花之书》（『花の書』）。

夏季的上茶屋与远山

千岁桥

二、谷口吉郎与《修学院离宫》

1962 年，谷口吉郎的《修学院离宫》（『修学院離宮』）一书出版。内容分为两部分：前半部分是修学院离宫的摄影，由佐藤辰三拍摄；后半部分是谷口吉郎撰写的文章，表达了他对日本古典美的独到认识。

谷口吉郎在这本书的序言中，开宗明义地说出修学院离宫吸引他的原因：首先在于这里独到的四季变化中的景致体验——蝉声、水声、红叶、白雪、各种花木的芬芳，都让人印象深刻。其次，作为建筑师，他执着于从这里的古建筑中找到现在仍能被感知的传统美："本文关注的是造型的意匠。古人是倾尽时代的力量建造了修学院离宫。建造者的意匠之心深刻其中。即使到现在，传统的优美造型中的意匠生命力仍旧让人深深感动。"

谷口吉郎采用东西方文化比较的方法，把修学院离宫放在世界文明史中去考察，总结了其造型美的独特性——朴素之美、非对称之美和动态的身体感知。

朴素之美是日本建筑的重要特征。谷口吉郎以修学院和凡尔赛宫为例说明东、西方文化的差异。他指出，在文艺复兴、巴洛克等时代中，石头被认为蕴藏着人工之美，需要通过雕刻来把其挖掘出来，而西方的园林也是人工意味浓重；但是，"日本的庭石又是极为不同，日本人喜爱石头的朴素和幽寂之美……日本的庭园模仿'自然'，但绝非复制，其中充满了'时间'之美、侘寂之美"。

相较朴素之美，非对称之美更为重要。谷口吉郎在比较中注意到同为"东方文化"的中国建筑的不同：在中国，建筑与人的风水命运相关，古建筑通常左右对称，正方位朝南。同样，从古罗马到意大利园林的西方建筑也讲究左右对称。

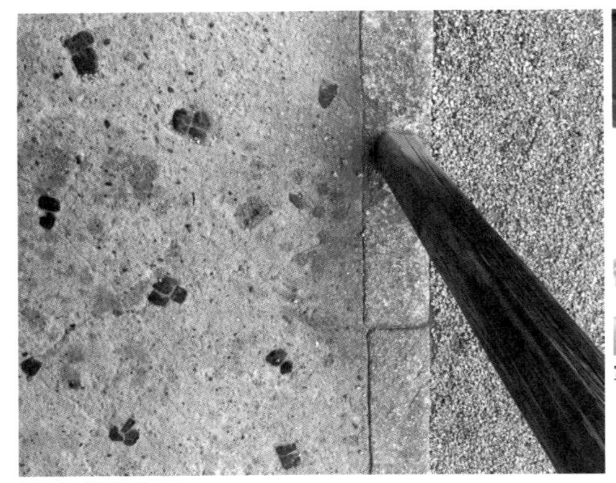
邻云亭铺地细部

室内

对称有庄严、肃穆之美，但谷口吉郎认为“过度的对称美，会失去生命力”，而在日本，非对称性自古如是。例如桂离宫和修学院离宫均以“自然的姿态……打破左右对称”；上古的天皇陵墓，其前方后圆的不对称格局在中国和朝鲜也是没有的；日本现存最古老的寺院法隆寺虽有中轴控制，但最重要的金堂和五重塔是非对称的；15 世纪的寝殿造，虽然建筑主体是对称的，但院子、池塘都是不对称的，而之后书院造的平面布局则变得完全不对称。

谷口吉郎写道：“在日本的风土和生活中，产生了非对称之美……但日本的非对称美并不是随意的，是由‘功能’和‘合理性’决定的审美。”例如住宅整体都有模数的理性控制，房间以榻榻米为模数单元建造，材料、家具也以此作为模数标准。谷口吉郎把传统建筑的非对称性与现代艺术作对比，赞美日本文化的早熟：“具有合理性的非对称美，直到 20 世纪才出现在欧洲。”

除了朴素和非对称之美，谷口吉郎注意到，不同案例之间的微妙差异，例如修学院离宫与同样著名的桂离宫、龙安寺之间，在于动态的身体感知。龙安寺以只有白砂和庭石的禅宗石庭引发人的幽玄哲思，桂离宫以建筑为主角呈现出静态之美，而修学院离宫则以建筑掩映在自然之中的场景让人流连忘返。对比修学院离宫和桂离宫的摄影作品可见，桂离宫建筑和庭园的优美视觉造型十分明显，而修学院离宫在照片中却显得散漫，没有明确的焦点——这正是修学院的特点。“修学院中建筑比例很小，以庭园为主……修建在高低错落的山地。整个庭园分为上、中、下茶屋三段，空间十分流动，还多处运用了借景……开放的空间与壮丽的外部风景连续在一起……修学院不断把人引入其中。庭园、人、空间是融合的……庭园不是单纯的视觉对象，而是和人的身体感知密切相关。”

谷口吉郎以帕提农神庙为例进行对比说明："神庙和京都山庄并不一样，神庙是供奉'神'的，山庄是'贵族'的修养地，一个是神圣之美，一个是现世之美。二者的美是完全不同性质的。"他认为现世之美是饱含生命力的，这种美产生于特定的时代，却又是超越时代的。

谷口吉郎与同时代的建筑师堀口舍己等人的建筑思考虽遭到其他学者的批评，如矶崎新在 2002 年出版的《建筑的"日本之物"》（『建築における「日本的なもの」』）中指出，其思考的日本传统并非真正意义上的"传统"，而是被建构出来的，但谷口吉郎总结的修学院离宫造型美的独特性一直作为其建筑创作中的重要原则，贯彻于他的自宅改造，以及乘泉寺、东宫御所、东京国立博物馆东洋馆等设计作品中，内化成他职业生涯中不可或缺的组成部分。正如他在东宫御所的设计说明中所写的："古典的造型，传承至今。历经风土的洗礼，劳动之手的塑造，千锤百炼，历久弥坚。古典之美，在如今，仍旧熠熠生辉。"

从西浜远眺千岁桥

诗仙堂 Shisendō Temple　地址：左京区一乘寺门口町 27

诗仙堂建造于宽永十八年（1641），现为曹洞宗的寺院。最初的主人石川丈山是德川幕府的家臣，因酷爱中国古诗，在诗仙堂建成后，便隐居于此吟诗作赋。诗仙堂原名“凹凸巢”，意指在凹凸不规则的土地上建造的住宅，在其中的“诗仙之间”有 36 名中国古代著名诗人的画像。

作为日本江户时代的庭园，诗仙堂没有早期寺院庭园的严格程式，空间布局比较自由。石川丈人在很多景致上的题字命名与中国的文人园林有异曲同工之妙。

诗仙堂的沿街入口是挂有“小有洞”匾额的朴素三门；人们沿着台阶踏上竹林掩映的步道；在“老梅关”右转是写有“凹凸巢”的主门；进入室内，题名“诗仙之间”“至乐巢”“啸月楼”“跃渊轩”的各处显现着不同的景致。山泉沿着洗蒙瀑、膏肓泉、流叶泊从建筑东南角流经南部的山地庭园。整个庭园地形和内外造景丰富多变，步移景异，打造出不同时节的丰富体验。

一层总平面图

老梅关

入口小有洞

诗仙之间

诗仙之间

百花坞

银阁寺 Ginkakuji Temple

地址：左京区银阁寺町 2

银阁寺又称“慈照寺”，位于京都的东山之麓，建造于文明十四年（1482），最初是室町幕府第 8 代将军足利义政的山庄。足利义政曾把东山殿作为其风雅隐居之所，在他去世后，东山殿改为佛寺，现属于临济宗。

银阁寺创建初期的银阁和东求堂存留至今。银阁形制模仿鹿苑寺金阁，一层是住宅风格，二层是禅宗佛堂风。该建筑最初的外观饰有特制的黑漆，在阳光照耀下的反光如同镀银一般，因而得名“银阁”。东求堂是从寝殿造向书院造过渡的代表作，其西北部的同仁斋据考证是义政时期的书房兼茶室。

银阁寺的庭园是典型的回游式庭园，山中的溪水沿着洗月泉流入环绕庭园的锦镜池，树影交错在苔藓与流水间，沿着步道可以登高鸟瞰京都的城市景观。庭园中几何形式感极强的银沙滩和向月台枯山水创作于江户时代后期，与庭园中早期自然形态的造景形成对比。

离银阁寺不远处是日本著名的“哲学之道”——哲学家西田几多郎曾经漫步思考的小径，沿途的樱花、红叶和流水也是当地的特色景观。漫步其间，可想象东山殿创建时足利义政的吟咏：“月待山麓是我庵，但恋空影斜。”

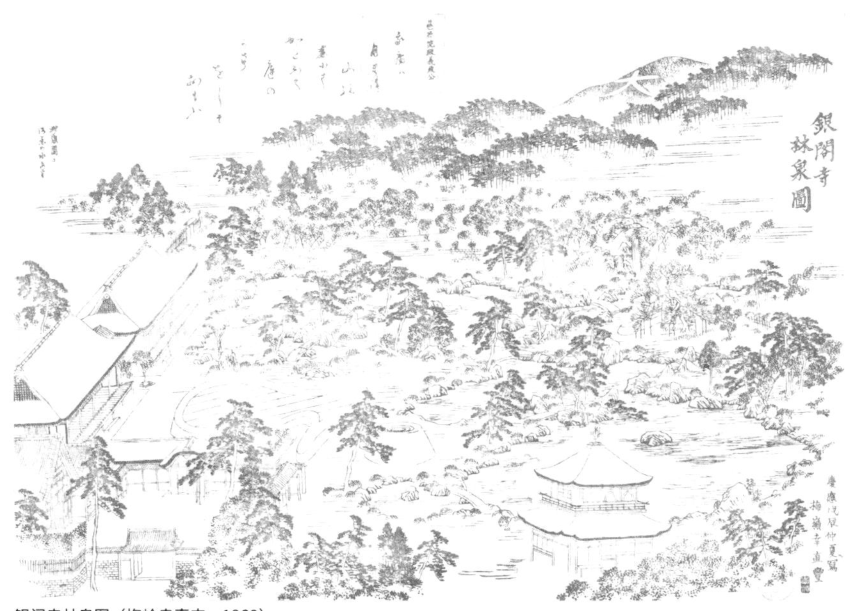

银阁寺林泉图（梅岭幸直丰，1868）

来源：https://dl.ndl.go.jp/info:ndljp/pid/9369945

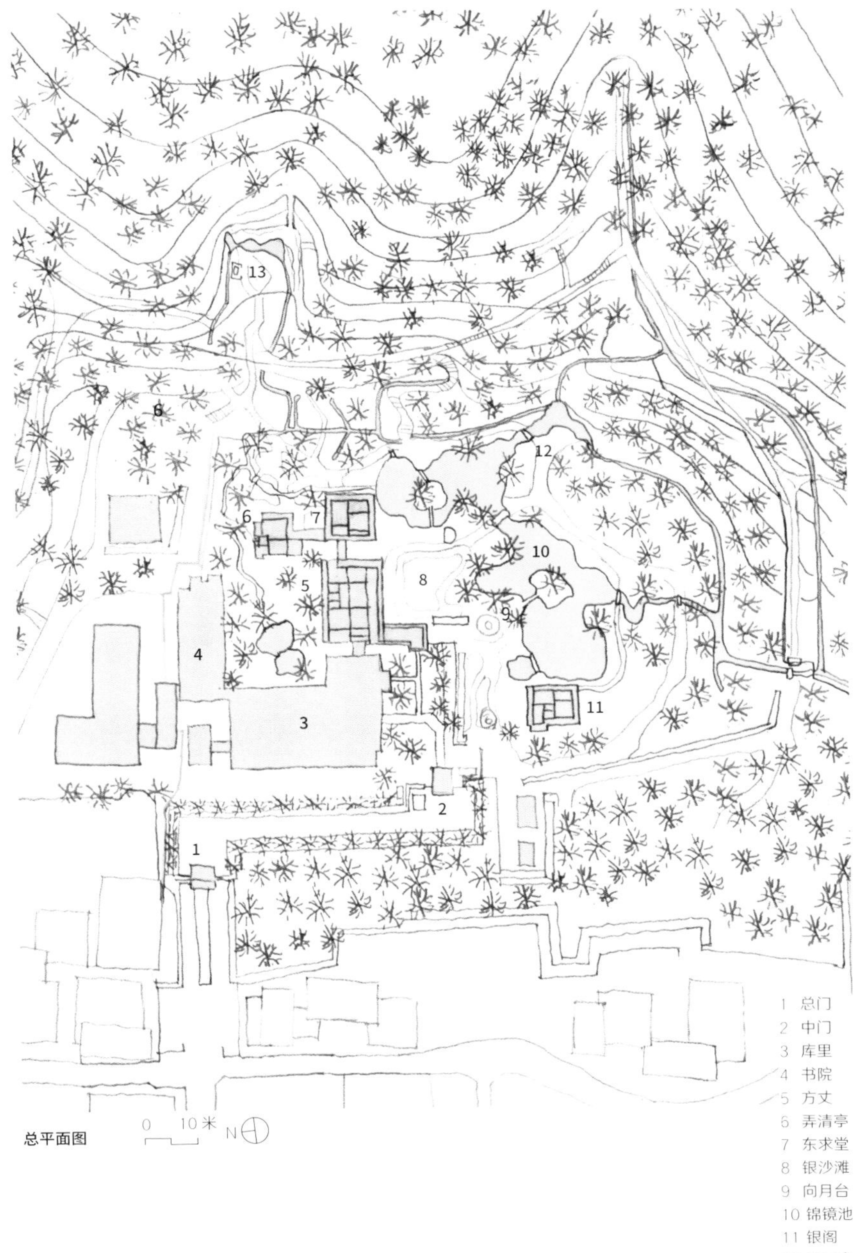
13
6
12
6
7
10
5
8
9
4
3
11
2
1
0 10米
N
1 总门
2 中门
3 库里
4 书院
5 方丈
6 弄清亭
7 东求堂
8 银沙滩
9 向月台
10 锦镜池
11 银阁
12 洗月泉
13 茶之井

总平面图

银阁

庭园

银阁北立面图　0　4米

从东山鸟瞰银阁寺和京都

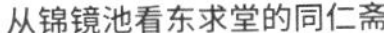

从锦镜池看东求堂的同仁斋

银沙滩

东寺 Tōji Temple

地址：南区九条町 1

东寺又称“教王护国寺”，是日本最重要的真言宗佛寺之一，以药师如来为本尊。桓武天皇在 794 年迁都平安京后，东寺和西寺成为具有镇护国家之用的重地。弘仁十四年（823），天皇把东寺赐予弘法大师空海。

东寺形制规整，与讲堂、金堂和南北大门共同组成了重要的空间中轴线，五重塔与灌顶堂分列轴线两侧。现存的五重塔是江户时代的重建之作，是京都重要的古建筑，也是日本最高的木结构佛塔。如果有幸在参观时赶上东寺的节庆，就能体验到这里最热闹的时刻：佛堂前不仅有僧人的祭典，还有熙攘的各色摊贩和普通民众，市井的烟火气萦绕在神圣的佛教场所之中。

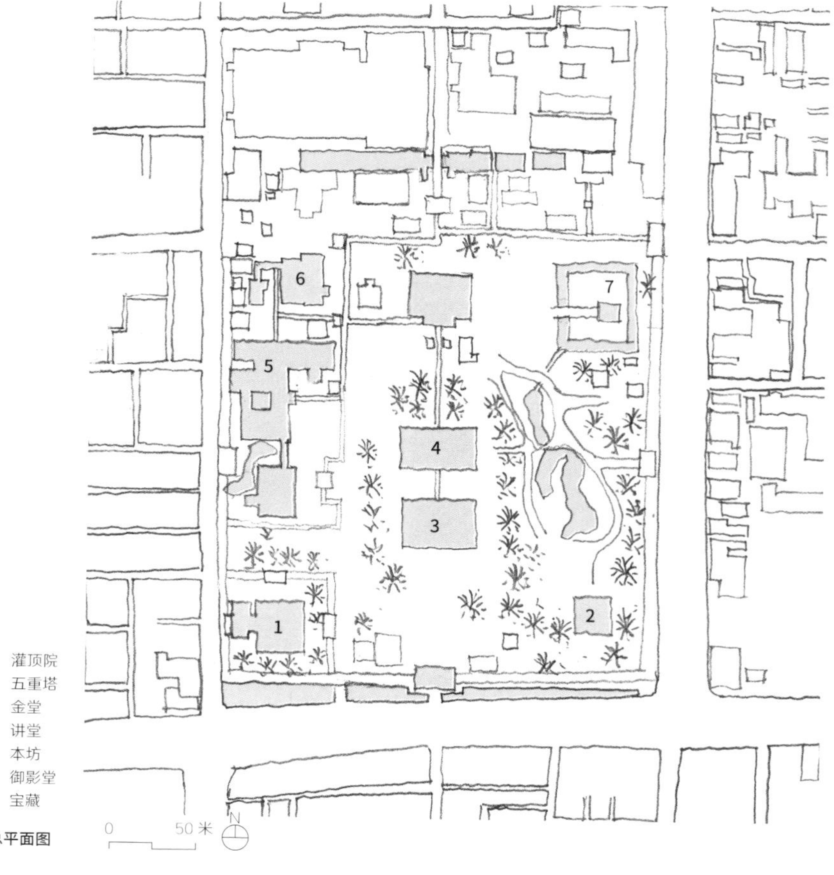

1 灌顶院
2 五重塔
3 金堂
4 讲堂
5 本坊
6 御影堂
7 宝藏

总平面图

讲堂

金堂与讲堂

五重塔与集市

金堂

集市

西本愿寺 Nishi Hongwanji Temple

地址：下京区本愿寺门前町

西本愿寺存留着大量日本桃山时代的建筑，不仅规模宏大，而且各个部分的艺术表现方式迥异，既有辉煌、华丽的阿弥陀堂、御影堂，也有朴素的书院。这里还珍存着日本现存最古老的能舞台。

寺中滴翠园内的飞云阁与金阁、银阁并称“京都三大名阁”。飞云阁有着三层非对称的立面以及数种不同形式的屋顶，曲线使屋顶仿佛轻盈、柔美的云朵，构成了不同于稳重、庄严的传统寺庙的形象。飞云阁的一个临水入口可供小船进入，是古代庭园舟游生活的真实写照，其室内有以描绘中国“潇湘八景”为主题的绘画，而“沧浪池”“黄鹤台”等题名也都来自中国的风景名胜。内部的山水想象与外部滴翠园的真实造景交相呼应，体现了当时庭园主人对中国山水文化的向往之情。

小贴士：书院与飞云阁不定期开放，需留意相关公告并预约方可参观

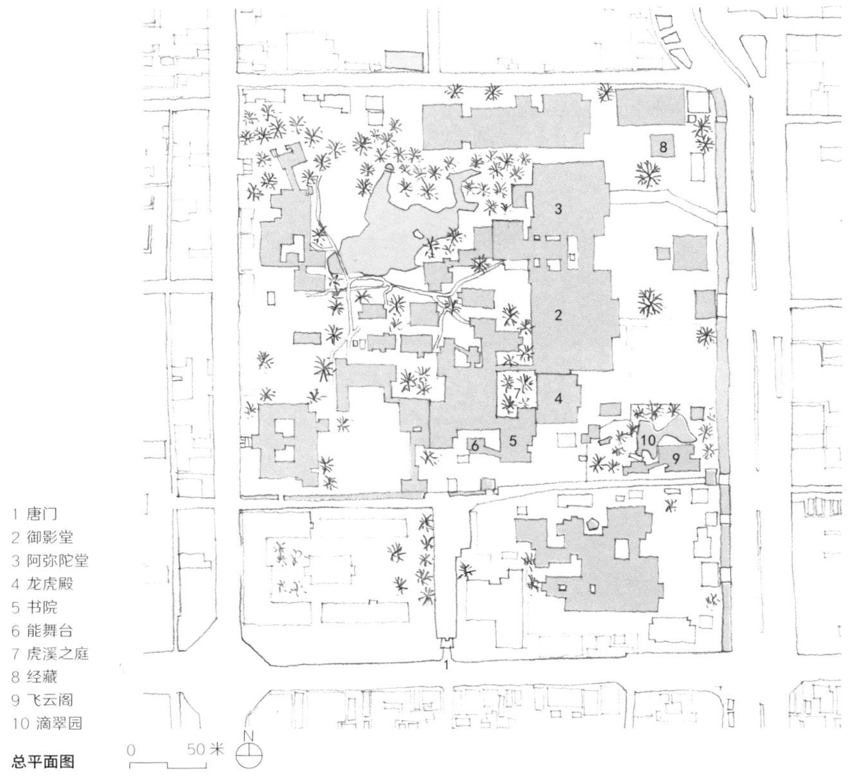

总平面图

飞云阁（康德尔，1931）
来源：コンドル博士記念表彰会．コンドル博士遺作集．東京：コンドル博士記念表彰会，1931.

御影堂室内

御影堂

御影堂门

唐门

涉成园 Shoseien Garden

地址：下京区乌丸通七条上

涉成园是德川幕府将军赠送给东本愿寺的庭园，相传由诗仙堂的主人石川丈山设计。涉成园历经多次大火，现存建筑都为明治时代重建。由于东本愿寺和里千家等茶道宗派有着密切的联系，园中有多座茶室以供人品茶问道。

“涉成园”取自陶渊明《归去来兮辞》的诗句“园日涉以成趣”。江户时代的学者赖山阳曾作《涉成园记》（『涉成園記』），记录了园中“十三景”。不同于其他建筑和景观分离的回游式庭园，该园中建筑和景观的关系丰富多样：有悬挑于水面的临池亭和滴翠轩，在土坡上转折的缩远亭，如廊桥一般的回棹廊，贴水而建的漱枕居……营造出曲折尽致的体验感。

总平面图

漱枕居

缩远亭

傍花阁

滴翠轩

回棹廊

角屋 Sumiya House

地址：下京区西新屋敷扬屋町 32

角屋位于京都的岛原花街，曾经是重要的游乐宴饮场所。沿街的二层建筑面阔十六间，其上的浅阳台是当时花街建筑的显著特征——艺伎与街道行人交流的空间。

从主入口红黄配色的窗户开始，角屋的奢华、艳丽逐渐展现，例如一层的“网代之间”，二层的“缎子之间”“扇之间”“青贝之间”等，在局促的空间内极尽装饰之变化。“网代之间”的火灯窗与其他面向院子的门窗形成微妙的应和关系。“扇之间”以扇子为装饰母题的元素遍布吊顶和窗户，并进而延续到“青贝之间”。扇形、团扇形、长方形、火灯窗形，再加上繁复的唐风山水和纹样装饰，都是面向“卧龙松庭园”的奇异之景，而院中三角形的曲木亭则强化了这种奇异感。角屋的奢华是由空间和装饰元素间的对比营造而成，感官享乐成为人在此处体验的核心内容。

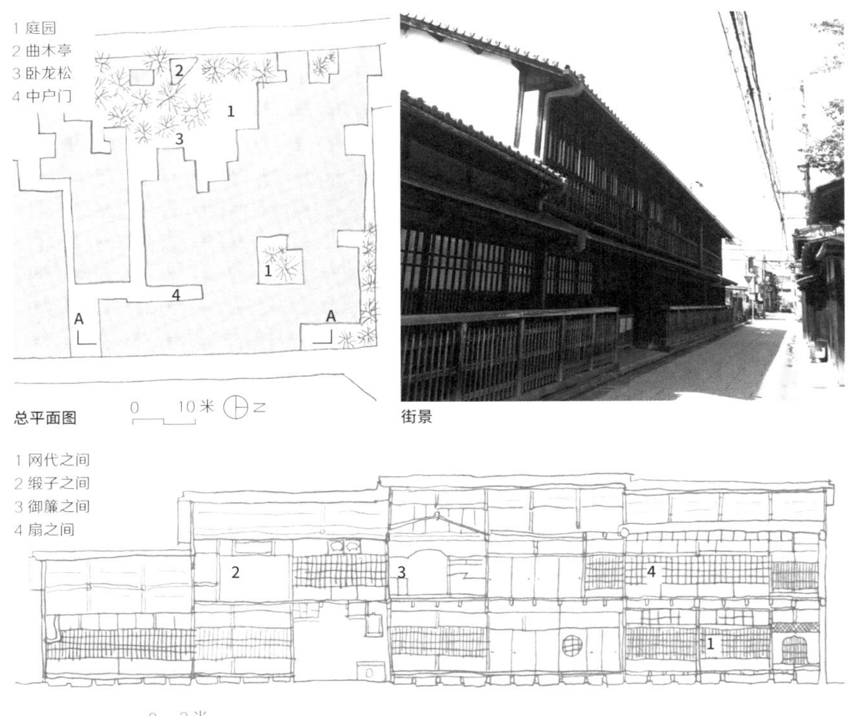

总平面图

街景

剖面图 A–A

扇之间

青贝之间南侧

青贝之间的床之间

中户口

网代之间

二条城 Nijō castle

地址：中京区二条通二条城町 541

二条城曾是德川幕府将军在京都的居住地，这并非防御性的军事要塞，而是幕府权力的象征。其中的二之丸御殿是供将军居住的建筑，大广间是将军正式会客的场所。后者装饰华丽，规模宏大，且不设内部分隔——也许有人会因此联想到现代非对称的流动性空间，但是细看则不难发现，在主、客落座的不同位置，顶面、地面、柱子等部位的做法和材料使用都有差别，显示出鲜明的等级秩序。

二条城的庭园包括本丸庭园、清流园和二之丸庭园，与二条城本身的双重护城河空间格局对应。二之丸庭园相传是小堀远州的代表作，采用池泉回游式布局。水池中心有蓬莱岛、龟岛和鹤岛，寓意“长寿延年”。在江户时代，二条城西侧曾建有天守阁，古人从二之丸御殿眺望之景是何等壮阔，可惜如今已不得而知；但现存二条城由粗粝的城墙巨石、精致的庭园和金碧辉煌的建筑共同构建的景致足以令后人仰望。

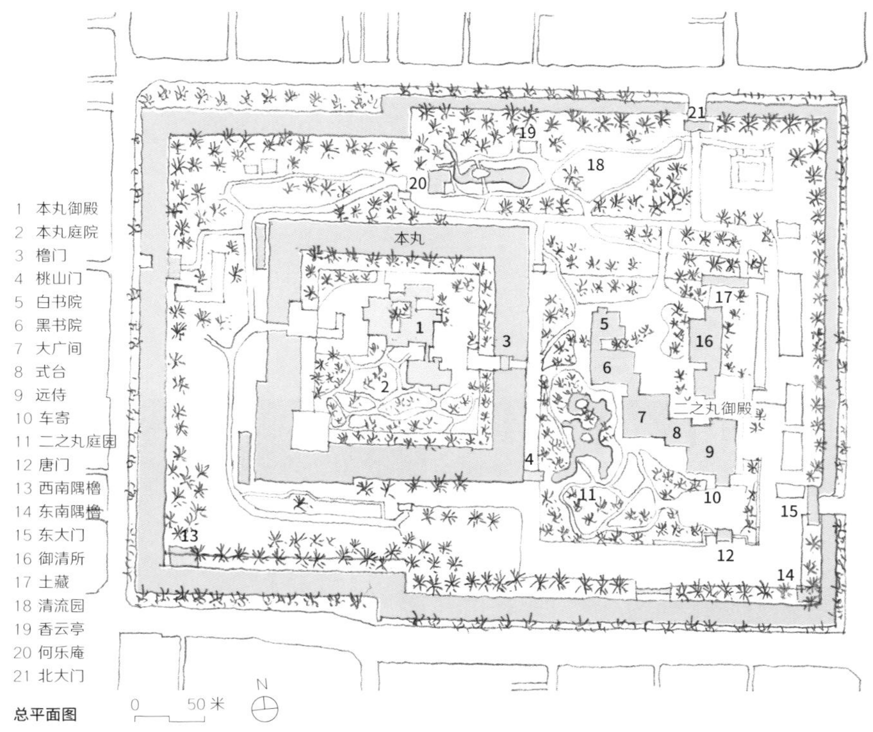

总平面图

车寄入口

二条城·洛中洛外图（17 世纪）

来源：名城シリーズ．二条城．東京：学習研究社，1996.

唐门

二之丸庭园

北大门

何乐庵

京都御所 Kyoto Imperial Palace

地址：上京区京都御苑 3

京都御所在 1331—1869 年间曾经是天皇举行各种公务和仪式的场所，其中的紫宸殿和清凉殿重建于江户时代宽政二年（1790），根据《大内里图考证》（『大内裏図考証』）复原了古代的礼仪空间，具有宽政时期寝殿造的形式特征。

与紫宸殿作为公务和仪式场所不同，清凉殿是天皇日常起居的空间，因此相应的庭园特征也大不相同：紫宸殿的庭园威严、对称，清凉殿和相邻建筑的庭园则更为日常、自然。京都御所东南侧是仙洞御所，以庭园为主，相传为小堀远州设计，亦是皇家庭园的代表作。

小贴士：需网络申请预约参观，也可现场申请（不一定有参观名额）

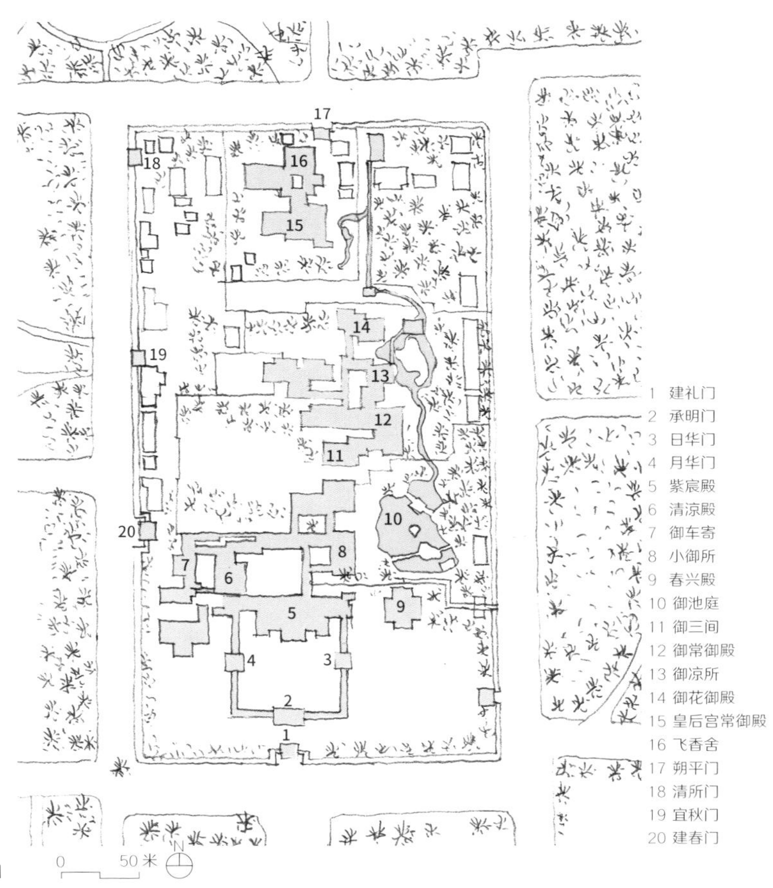

总平面图

紫宸殿

清涼殿

清涼殿細部

御池庭 1

御池庭 2

吉田家 Yoshida House

地址：中京区六角町 363

吉田家建于 1909 年，所在的六角町是京都富商云集的街道，也是著名祇园祭庆典路线的必经之路。

吉田家是京都典型的表屋造町家，有着临街的店铺栋 - 内院 - 居住栋 - 内院 - 土藏的系列屋院布局，并有纵长向的土间采光通风。吉田家现在作为京都生活工艺馆向公众开放。

小贴士：需至少提前 5 日邮件预约参观

内院

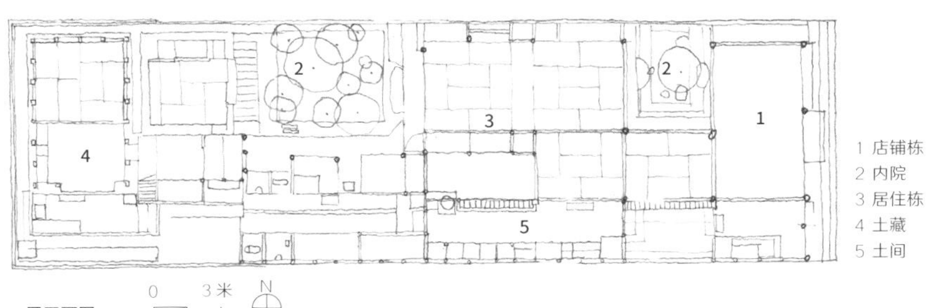

一层平面图

北野天满宫 Kitano Tenmangū Shrine

地址：上京区御前通今出川上马喰町

北野天满宫神社是为纪念平安时代的学者和政治家菅原道真而建，天皇赐予其“北野天满宫天神”之号。发展至今，这里成为祈求学业顺利的著名神社。

北野天满宫紧邻纸屋川，没有明确的围墙边界，人们可以从周边的街道自由进出。其中的本堂是年代最早的建筑，屋顶形态变化丰富，并有大量桃山时代的华丽装饰。

本堂

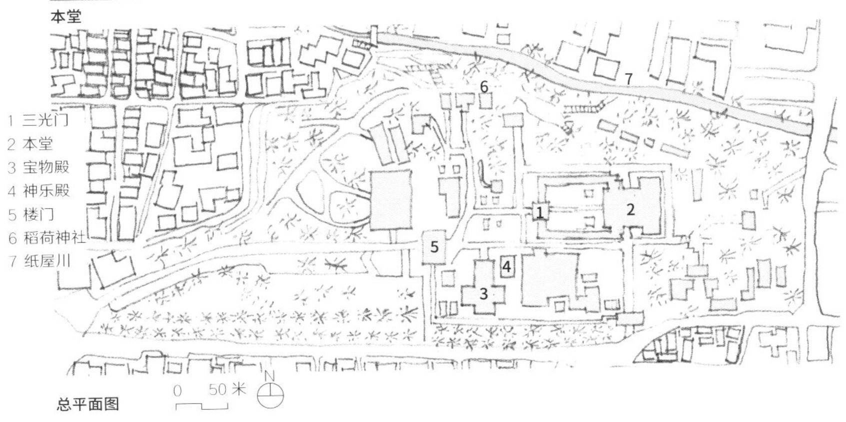

总平面图

大德寺 Daitokuji Temple　　地址：北区紫野大德寺町

临济宗的大德寺由大灯国师创立于正中二年（1325），是禅宗五山之一。从室町时代开始，以一休宗纯为代表的名僧辈出，在茶道、庭园、绘画等领域都有深远影响。大德寺中有大量纪念高僧的塔头，独立的小寺院成为佛寺的空间单元，佛堂伽蓝和 24 个塔头共同组成了寺院街区般的空间格局。除了极负盛名的大仙院庭园和孤蓬庵的茶室“忘筌”，其他塔头的庭园也各有特色，或曲径通幽，或以石取胜；或以建筑为主，或以庭园植被为特色。其中，瑞峰院的庭园为造园家重森三玲在 1961 年重新设计建造。

大德寺的佛殿、法堂和三门共同组成了寺院纪念性的中轴空间；但是，进入大德寺的主入口路径并未正对该轴线，纪念性因此被消解，更凸显了整个寺院的街区感。

小贴士：大德寺中的大仙院、高桐院、瑞峰院和龙源院常年开放，黄梅院、真珠庵、聚光院、总见院、芳春院、兴临院、孤篷庵等不定期开放。

塔头之间的街道

大德寺 芳春院（秋里篱岛，1799）

来源：秋里籬島．都林泉名勝圖會．日本国立图书馆电子文档.https://dl.ndl.go.jp/info:ndljp/pid/9369511

1 春芳院
2 龙泉庵
3 如意庵
4 大仙院
5 真珠庵
6 本坊
7 聚光院
8 总见院
9 龙翔寺
10 孤篷庵
11 高桐院
12 瑞云轩
13 三玄院
14 正受院
15 玉林院
16 龙光院
17 大光院
18 与临院
19 瑞峰院
20 龙源院
21 大慈院
22 黄梅院
23 养德院
24 三门
25 佛殿
26 法堂

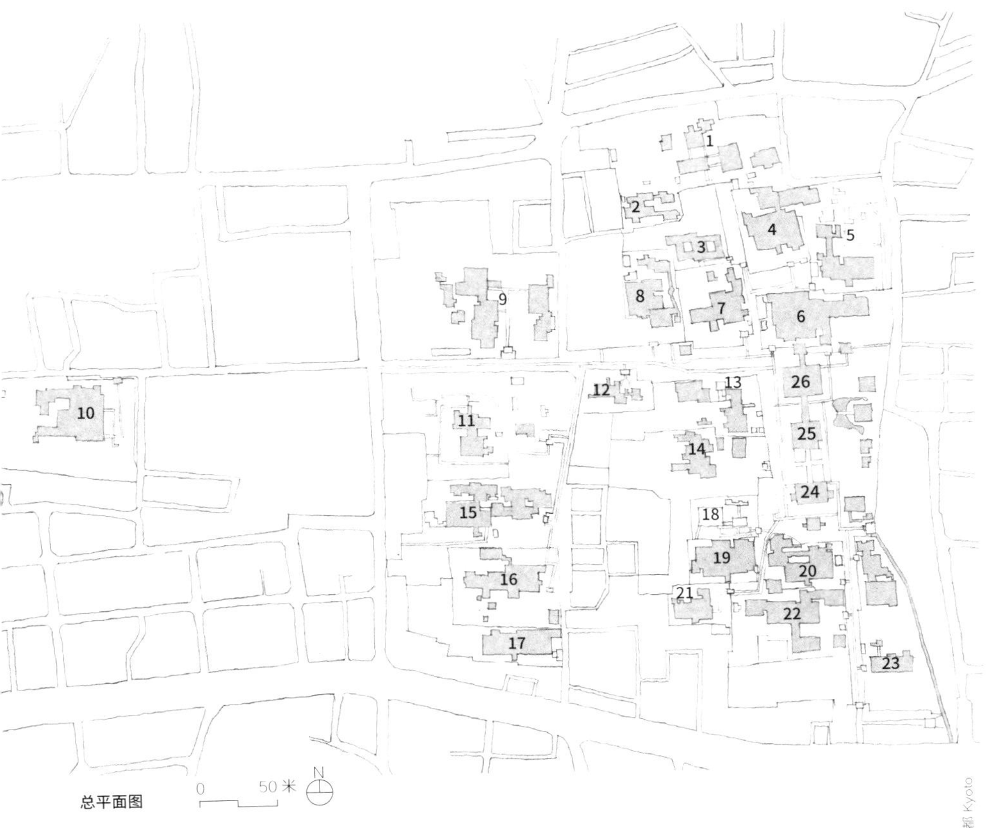

总平面图

大仙院 Daisenin Temple

地址：北区紫野大德寺町 54-1

大仙院创立于永正十年（1513），这里曾是千利休与丰臣秀吉品茶论道之地，多有相关的茶道逸闻。大仙院方丈有日本最古老的床之间和玄关，并藏有相阿弥与狩野派的山水画，集造园、绘画等艺术于一身，是大德寺最具代表性的塔头之一。

在大仙院，最负盛名的庭园是方丈东庭与南庭。在紧凑的庭园内营造出蓬莱山水入江海的景致：从东庭象征蓬莱山瀑布的叠石与白沙开始，水流越过河堤进入南庭，而南庭简洁、抽象的枯山水有如广袤寂静的大海。

院中的庭石多寓意吉祥长寿，其中的龟岛、鹤岛、观音石、舟石对应着自身的形态与位置。东庭的亭桥轻微地划分庭园，暗示了枯山水造景主题的变化，是供倚靠休憩观景的点睛之笔。园中虽无真山水，却营造出山水无垠之感，是室町时代重要的枯山水造景。

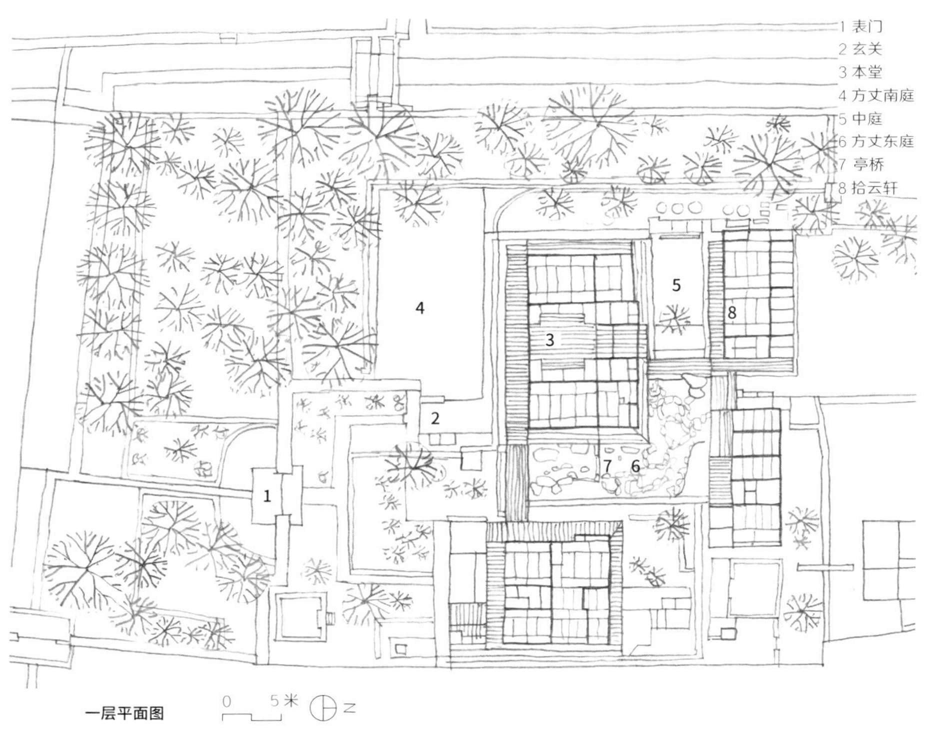

一层平面图

从室内看方丈东庭和亭桥

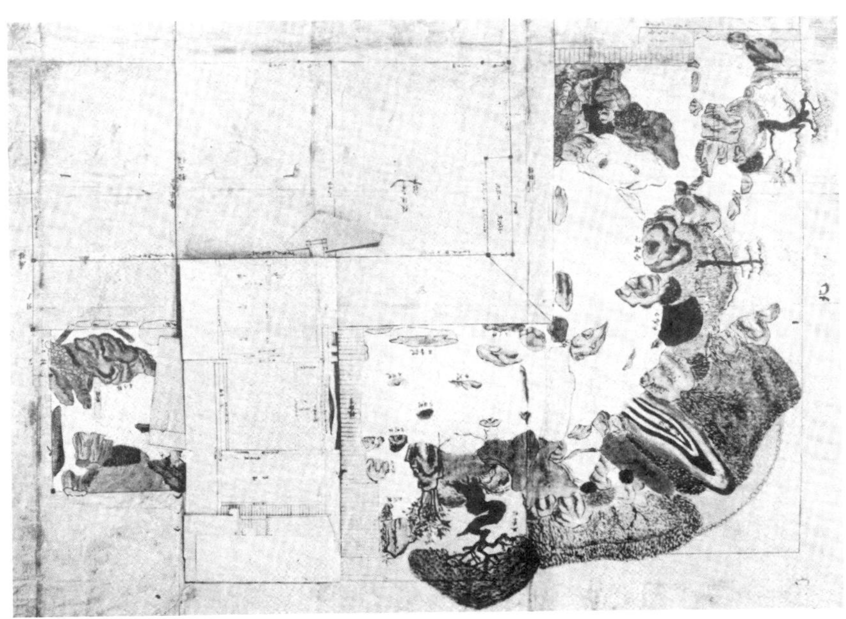

大仙院起绘图（佚名，江户时代）

来源：堀口捨己．庭と空間構成の伝統．東京：鹿島研究出版会，1977.

龙源院 Ryōgenin Temple

地址：北区紫野大德寺町 82-1

龙源院是大德寺的塔头，创立于永正年间（1504—1521），这里的方丈本堂是日本最古老的方丈建筑遗构之一。龙源院的庭园分为东滴壶、一枝坦、龙吟庭、滹沱底四部分，环绕在方丈四周，景观各具特色。庭园环绕的布局消解了方丈的南北正面性，使居于中心的方丈向四方打开界面，从而形成与枯山水庭园相延续的空间。

龙吟庭

1 东滴壶
2 一枝坦
3 龙吟庭
4 滹沱底
5 方丈

0 6米 N

一层平面图

一枝坦

东滴壶

高桐院 Kōtōin Temple

地址：北区紫野大德寺町 73-1

高桐院是大德寺中庭园面积最大的塔头之一，建立于庆长七年（1602）。建筑隐藏于大片竹林之中，沿入口小径几经转折才能进入主建筑。高桐院的玄关没有采用传统寺庙塔头的封闭性空间，而是以走廊的样式将内部庭园的局部景色呈现在人们面前。本堂的主庭园被称为“枫之庭”，其中的茶室“松向轩”轻盈、通透，近乎消隐于林间。

参道

松向轩

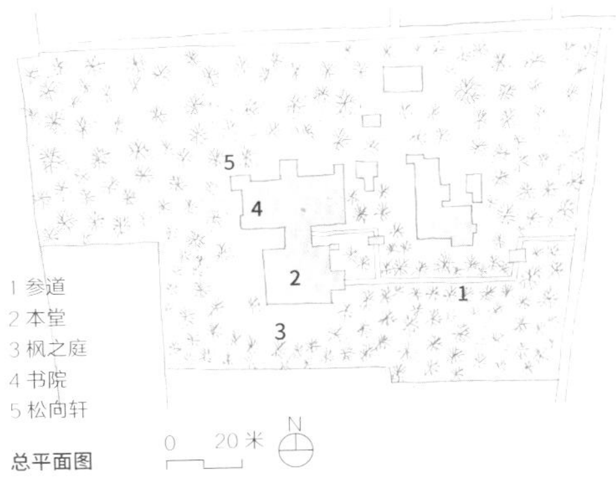

总平面图

枫之院

瑞峰院 Zuihōin Temple

地址：北区紫野大德寺町 81

瑞峰院创立于 16 世纪，其中的独坐庭与闲眠庭均由造园家重森三玲在 1961 年重新设计建造。方丈南侧独坐庭的枯山水石组造型奇险，辅以起伏的白沙，有海浪汹涌之感。北侧闲眠庭打破了枯山水常规的静观范式，有敷石通向茶室“余庆庵”和“安胜轩”，是可游可观的经典庭园造景案例。

独坐庭

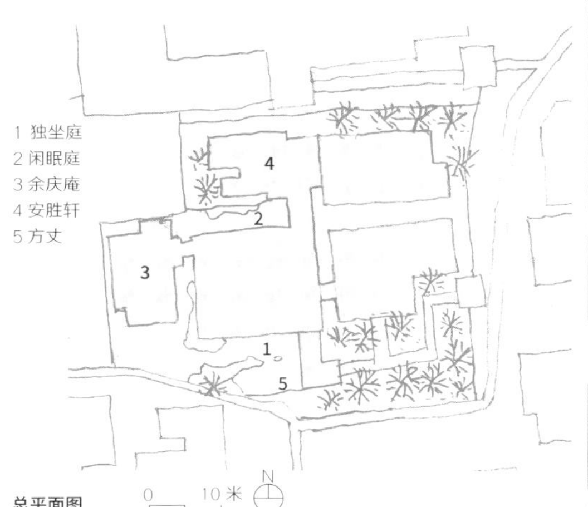

总平面图

闲眠庭

安胜轩

黄梅院 Ōbaiin Temple

地址：北区紫野大德寺町 83-1

黄梅院是供养织田信长父亲的大德寺塔头，藏有古代中国的竹林七贤图、西湖图等名画。茶室“昨梦轩”据称是千利休的师父武野绍鸥设计。直中庭和破头庭是黄梅院主要的庭园。破头庭的围墙并非完全围合的，其断开处成为相邻的直中庭的一部分。残墙、青苔与散石共同组成了空旷、寂寥的景致。

方丈

4 直中庭
5 破头庭
6 昨梦轩

总平面图　0　10米　N

入口

破头庭

妙心寺 Myōshinji Temple

地址：右京区花园妙心寺町

妙心寺是日本最大的禅宗寺院，有 40 多座塔头。妙心寺与大德寺的形制类似，伽蓝与塔头的格局保存得较为完整，都具有城市街区之感。虽然妙心寺的庭园没有大德寺的精美，但从放生池开始的一系列轴线空间、行人可自由穿行的塔头“街巷”，都在诉说着禅宗寺院由历史积淀的沧桑之美。

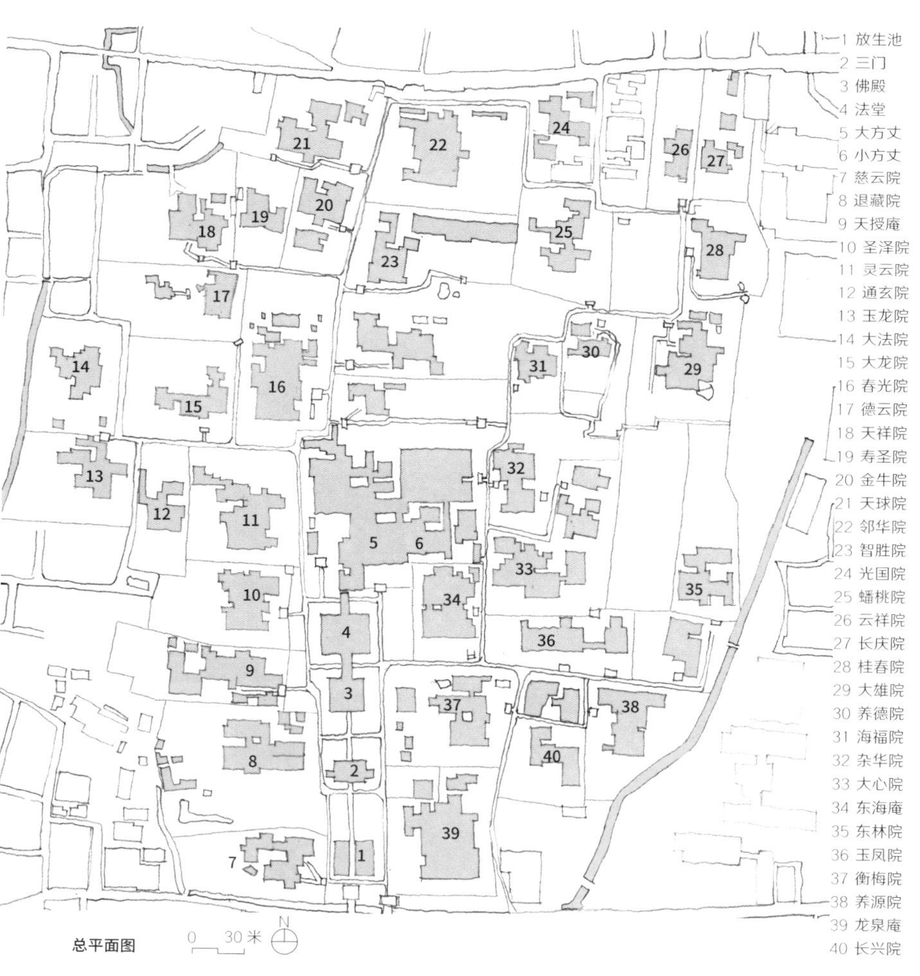

总平面图

妙心寺雪江松（长谷川贞信，19 世纪）

来源：长谷川贞信 . 浪華百景并都名所 . 日本国立国会图书馆电子文档 .https://dl.ndl.go.jp/info:ndljp/pid/1304704

塔头街景

法堂

佛殿

退藏院 Taizōin Temple

地址：右京区花园妙心寺町 35

退藏院是妙心寺内最大规模的庭园之一，藏有日本早期禅宗绘画《瓢鲇图》（瓢鮎図）等艺术珍品。方丈西侧的枯山水庭园“元信之庭”相传由室町时代末期的狩野元信设计。

退藏院的主庭园分为回游式庭园与枯山水庭园两部分。1963 年，由现代造园家营造的余香苑是回游式庭园，从龙王瀑开始不断变化水景，水琴窟不可见的滴水暗示着禅宗的“不可言说”，其西侧是枯山水庭园“阴之庭”和“阳之庭”，黑白两色砂石互相映衬，寓意“阴阳调和”。

小贴士：方丈、“元信之庭”和“围席”茶室在春季会特别开放，详见官方网站

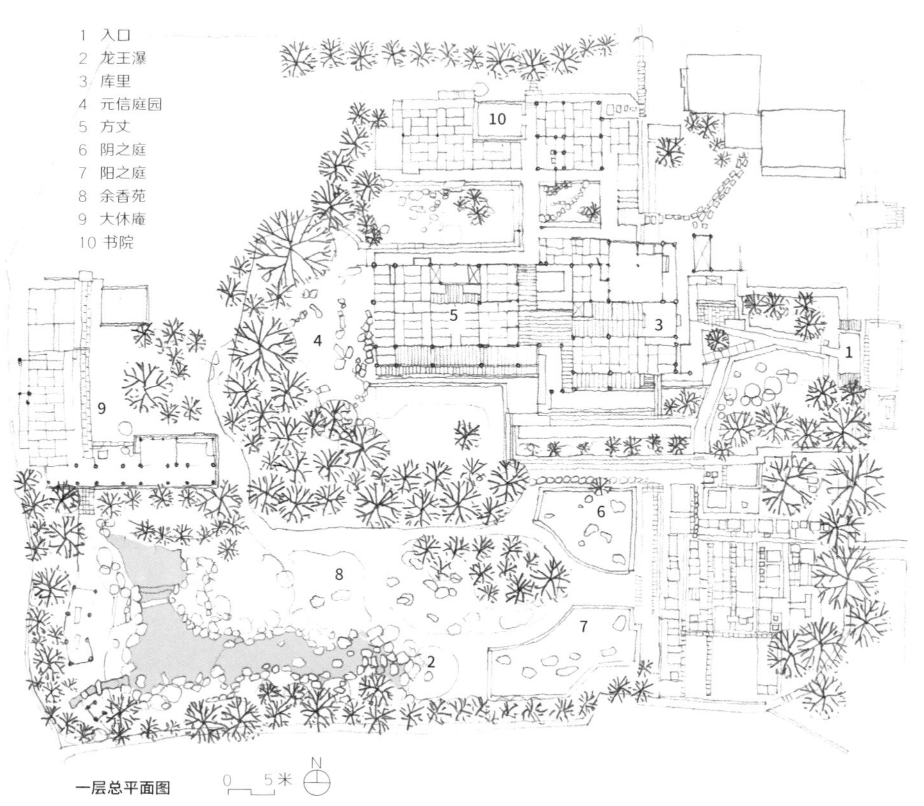

一层总平面图

元信之庭

余香苑 1

余香苑 2

阳之庭

阴之庭

仁和寺 Ninnaji Temple　地址：右京区御室大内 33

仁和寺曾是皇室寺院，由平安时代的光孝天皇下令建造。现存的金堂曾作为旧皇居的紫宸殿，是日本重要的寝殿造遗构。以“御室樱”闻名的仁和寺从江户时代起就是京都最负盛名的赏樱胜地。

御殿的庭园独立于寺内其他区域，有围墙围合，借景寺内的五重塔。寺院中，建筑、廊道和庭园交错重叠；茶室“辽远廓”和“飞涛亭”隐于树林间；御殿的空间构成自由、流动，步移景异。御殿建筑和庭园之间的关系，与桂离宫以室内空间为主的静态模式大为不同，大有中国苏州古典园林的内外渗透、交融之感。

总平面图

北庭

黑书院

灵明殿

南庭 1

南庭 2

龙安寺 Ryōanji Temple

地址：右京区龙安寺御陵下町 13

龙安寺的方丈石庭不仅在日本家喻户晓，而且是京都世界文化遗产的一部分，被认为是日本枯山水庭园的最佳代表。

禅宗的“虎渡之子”是龙安寺石庭的表现主题，在庭园完全人工化的内向场景中，没有炫技式的景观造型变化，五组石块闲静地被安置在白沙和苔藓上，低矮土墙外的自然景观成为庭内借景。

除了石庭，镜容池也是龙安寺内的重要空间，而在江户时代镜容池比石庭更有名，是当时游览京都的名所之一。镜容池区域的回游式庭园造景较石庭更为开放，自古便是百姓游玩、赏景的胜地。

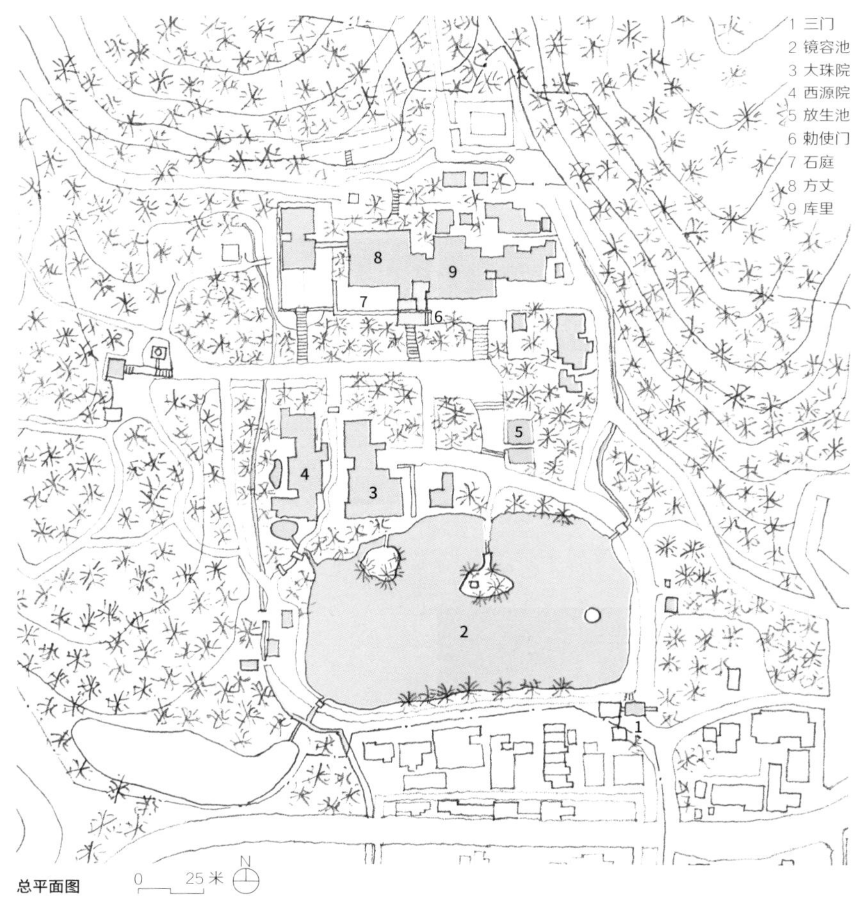

总平面图

石庭 1

石庭 2

方丈室内

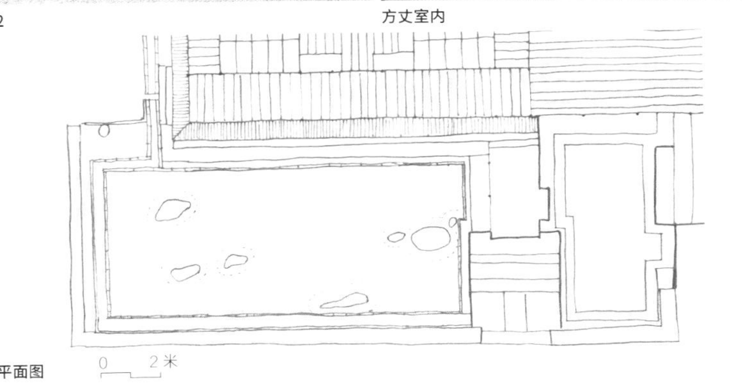

石庭平面图

金阁寺 Kinkakuji Temple

地址：北区金阁寺町

金阁寺的创立者是室町幕府第 3 代将军足立义满，因寺中“金阁”（舍利殿）内外贴满金箔而得名。原建筑在 1950 年被烧毁，重建时还原了最初金碧辉煌的金箔建筑立面。

金阁共分为三层：一层是寝殿造风格的法水院，有半室外的临水空间，并附有“漱清亭”；二层是和样佛堂风格的“潮音洞”，四周布有外廊；三层是禅宗样的“究竟顶”，供奉佛舍利。庭园的水系从龙门瀑沿着山坡流入镜湖池，池中的龟岛、鹤岛等用石奇异，姿态万千。

关于金阁寺之美的讨论耐人寻味。在三岛由纪夫重构金阁烧毁事件的著作《金阁寺》（『金閣寺』）中，烧毁后的金阁象征精神上的“不灭之美”，而在建筑师篠原一男看来，金阁在 1950 年被烧毁前已经黯淡、黝黑，对其赞美只是现代社会的成见，初建时灿烂夺目的金阁才是美的源头。

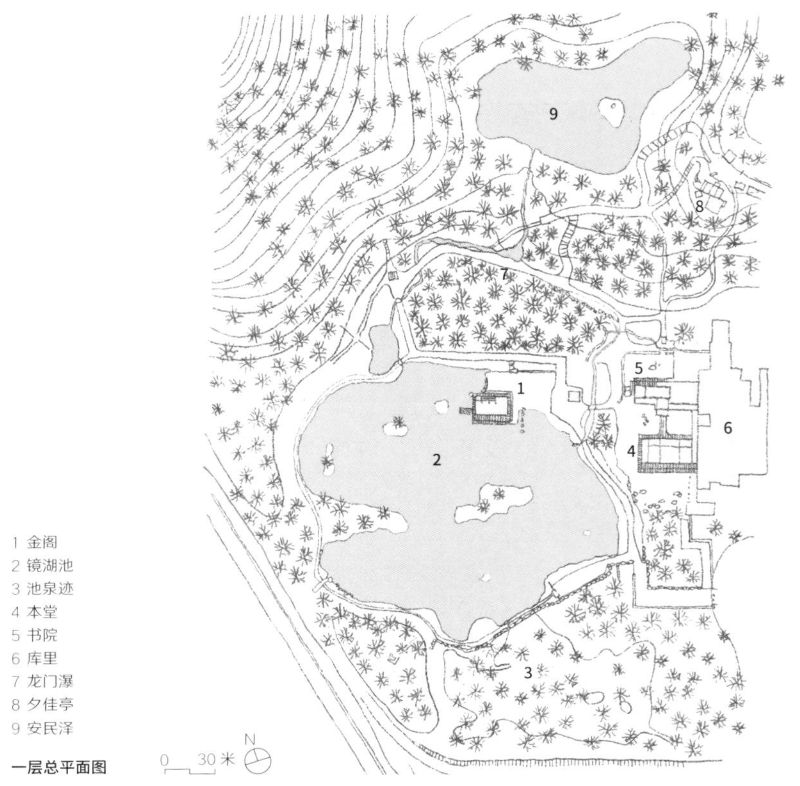

1 金阁
2 镜湖池
3 池泉迹
4 本堂
5 书院
6 库里
7 龙门瀑
8 夕佳亭
9 安民泽

一层总平面图

浪华百景付都名所 金阁寺雪景，长谷川贞信（19 世纪）
来源：长谷川贞信．浪華百景井都名所．日本国立国会图书馆电子文档 .https://dl.ndl.go.jp/info:ndljp/pid/1304704

龙门瀑

金阁

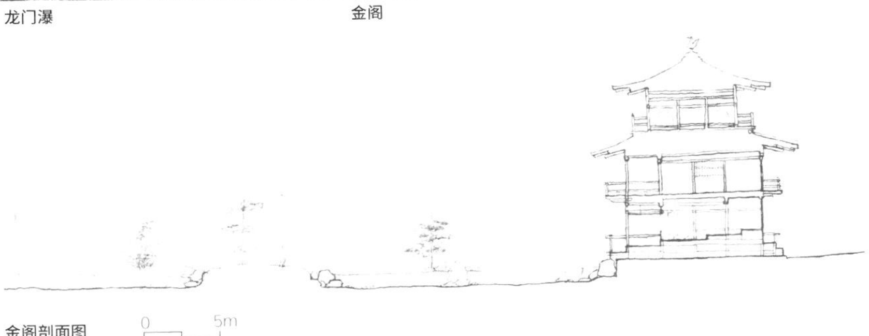

金阁剖面图

圆通寺 Entsūji Temple　地址：左京区岩仓幡枝町 389

这里最初是后水尾上皇的山庄，之后开基建寺，现为临济宗禅寺。寺院的面积不大，其中的枯山水庭园（杉苔庭）颇具特色：不同于其他枯山水庭园的内向造景，借景壮丽的比叡山，而在庭园内枯山水的衬托下，比叡山显得尤为壮阔。

借景的做法会给游园增添“真山水”的体验。下雨天，浓密的云雾时而把比叡山遮蔽得难觅踪影，时而又“半露真容”，使其在街道上方若隐若现。借景成为一种人对动态现象的感知，而街道、自然与圆通寺庭园的界限因此变得模糊。

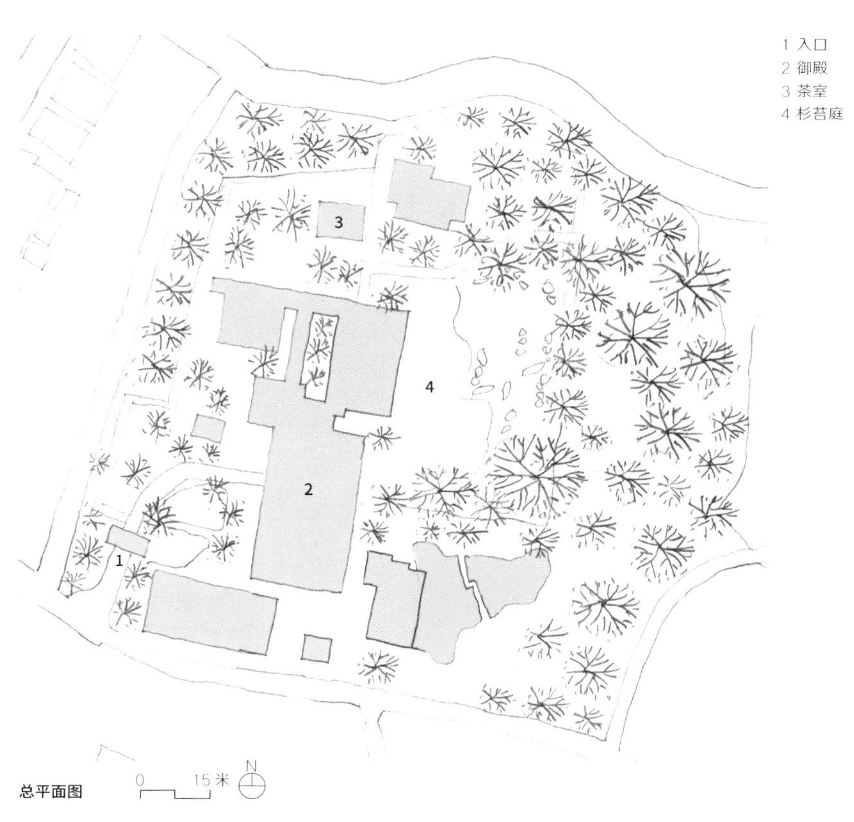

总平面图

杉苔庭（因雨天雾气，不可见比叡山）

入口

雨天的比叡山

御殿

高山寺 Kosanji Temple

地址：右京区梅畑栂尾町 8

高山寺由镰仓时代的僧人明惠创立，是京都世界遗产的一部分。寺名意为“日出先照高山”，源自《华严经》。这里历来是京都山岳修行的重要场所，现为真言宗寺院。寺中藏有大量绘画和典籍，其中的《鸟兽人物戏画》（鳥獣人物戯画）最为著名。

高山寺拥有日本最古老的茶园，是日本茶道的发源地。开山堂、金堂等建筑散布在山林之中；古老的石水院位于靠近河流的陡坡上，视野开阔。

这里四季风景如画，其中的秋季红叶和冬季雪景最有名。前往高山寺除乘坐公交车还要外加步行，沿途山林和村落的风景恬静、优美。驻足石水院，阳光下一切静谧无声，偶尔微风吹过庭园，树叶婆娑作响，大自然的神灵轻扣心扉。

里参道

梅畑栂尾町

金堂石阶

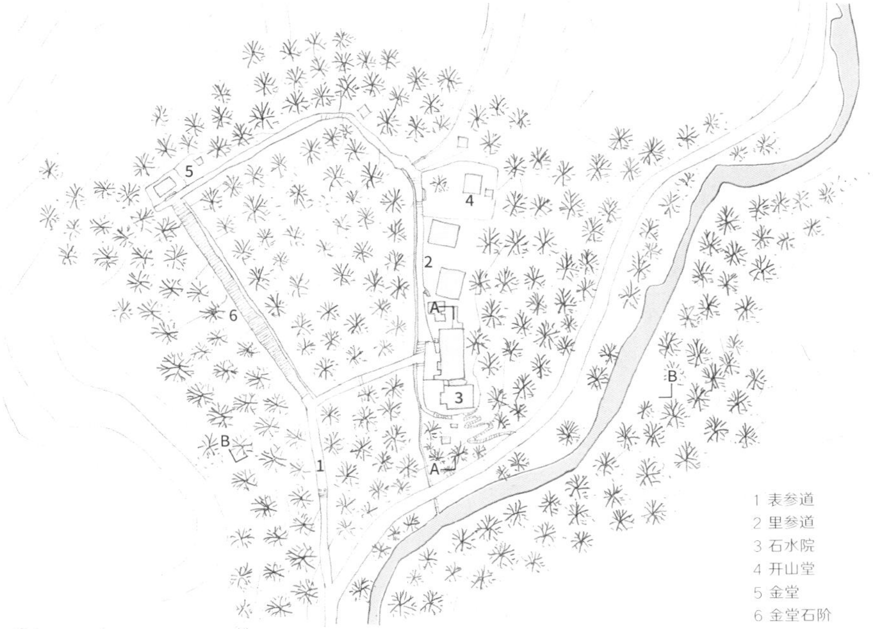

1 表参道
2 里参道
3 石水院
4 开山堂
5 金堂
6 金堂石阶

总平面图 0 40米

金堂

开山堂

里参道

石水院入口 1

石水院入口 2

石水院外参道

石水院入口庭园 1

石水院入口庭园 2

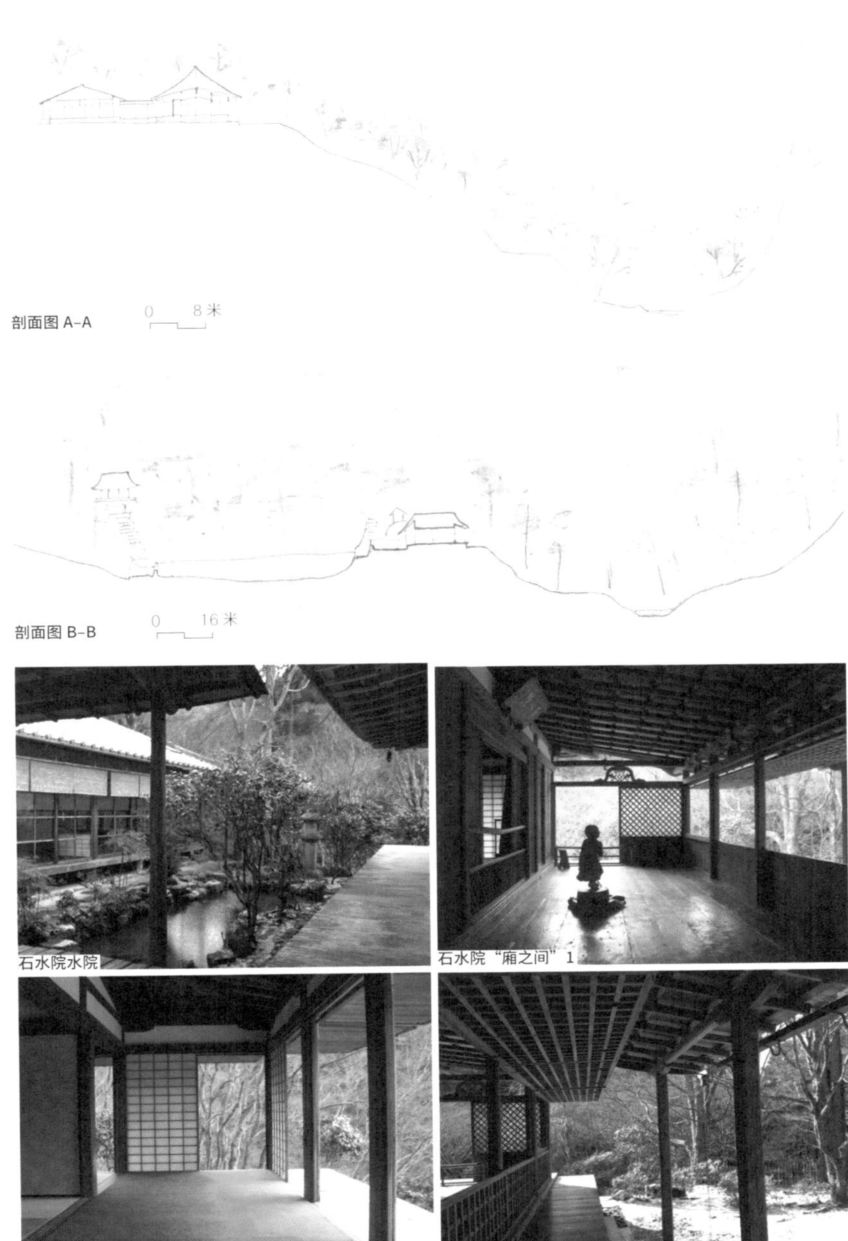

剖面图 A-A

剖面图 B-B

石水院水院

石水院“廂之间”1

石水院南缘

石水院“廂之间”2

天龙寺 Tenryūji Temple

地址：右京区嵯峨天龙寺芒之马场町 68

天龙寺是京都五山中的“第一山”，曾拥有 150 所附属寺院，势力范围一度囊括京都渡月桥和部分岚山，在屡遭战争摧残后，规模大幅度削减。方丈西侧的庭园基本保持原貌，据称这是梦窗疏石的作品。

明治时代重建的方丈距今已有 100 多年的历史，其面向山野的宏大气势依旧。传统禅寺的布局通常坐北朝南，而天龙寺整体朝东布置，面向龟山。大尺度的水平向空间直接临山，并向南侧的岚山借景。溪水沿着约 2 米高差的台地跌落至曹源池。方丈与开阔的庭园仿佛化作京都山水的背景，只为衬托龟山与岚山的壮美。

1 大方丈
2 曹源池
3 法堂
4 小方丈
5 多宝殿
6 友云庵
7 精耕馆
8 龙门亭
9 禅堂
10 龟山

一层总平面图

大方丈与曹源池

从龟山向东鸟瞰

法堂

大方丈

方丈库里

桂离宫 Katsura Imperial Villa

地址：西京区桂御园

建于 17 世纪中期的桂离宫是日本大型回游式庭园的代表。该园林坐落于京都桂川西岸，由八条宫初代智仁亲王和其子二代智忠亲王耗费约 50 年时间营造而成，相传由小堀远州设计。

桂离宫的御殿分三期建造，典型的不对称平面，其中的书院具有数寄屋风格。月波楼、赏花亭、松琴亭、笑意轩等建筑散布在庭园之中，由起伏的步道、小桥相串联。四季之景令人流连忘返。

在建筑界，桂离宫是创作中的“神话”——没有哪座日本庭园如桂离宫这般被人不厌其烦地研究和书写。除了大量建筑史学家的贡献外，布鲁诺·陶特（Bruno Julius Florian Taut）、格罗皮乌斯（Walter Gropius）、堀口舍己、丹下健三、矶崎新等建筑师都发表文章和著作讨论桂离宫，并从中找到自身设计理念的佐证。桂离宫抽象简洁的建筑空间不仅让现代建筑师找到了日本传统与现代主义之间的联系，其丰富多变的空间形制和细节又让下一辈人得以从后现代主义的视角重新阐释建筑的意义。虽然这是 300 多年前建造的庭园，但它仍将继续启迪后人。

小贴士：需网络申请预约参观，也可现场申请（不一定有参观名额）

总平面图

从州浜看天桥立和远处的御殿

松琴亭

苏铁山

松琴亭室内

御殿

从月波楼看松琴亭

松琴亭室内

御腰挂

铺地细部

驳岸

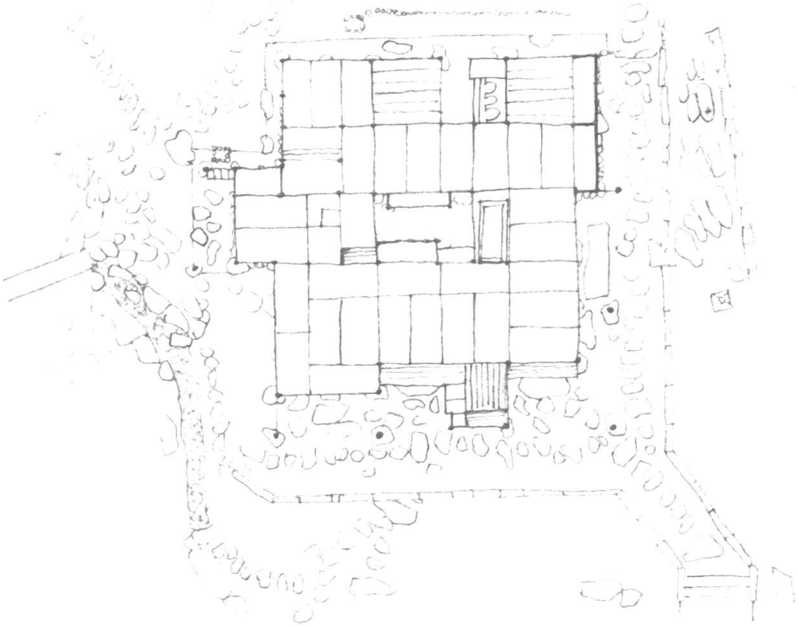

松琴亭 一层平面图 0 2米

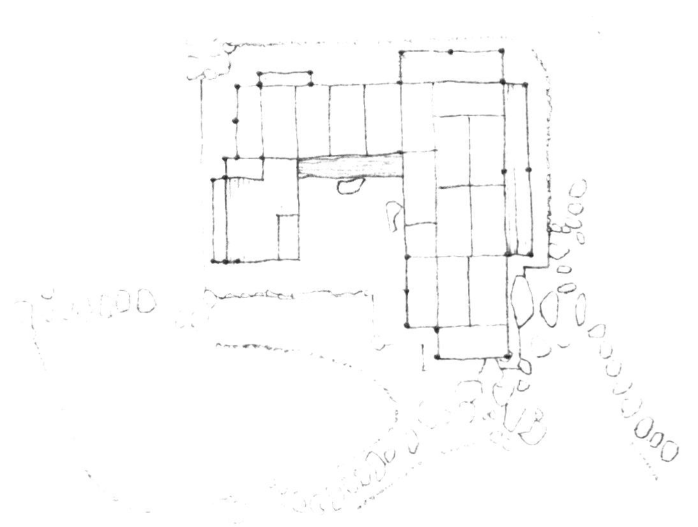

月波楼 一层平面图 0 2米

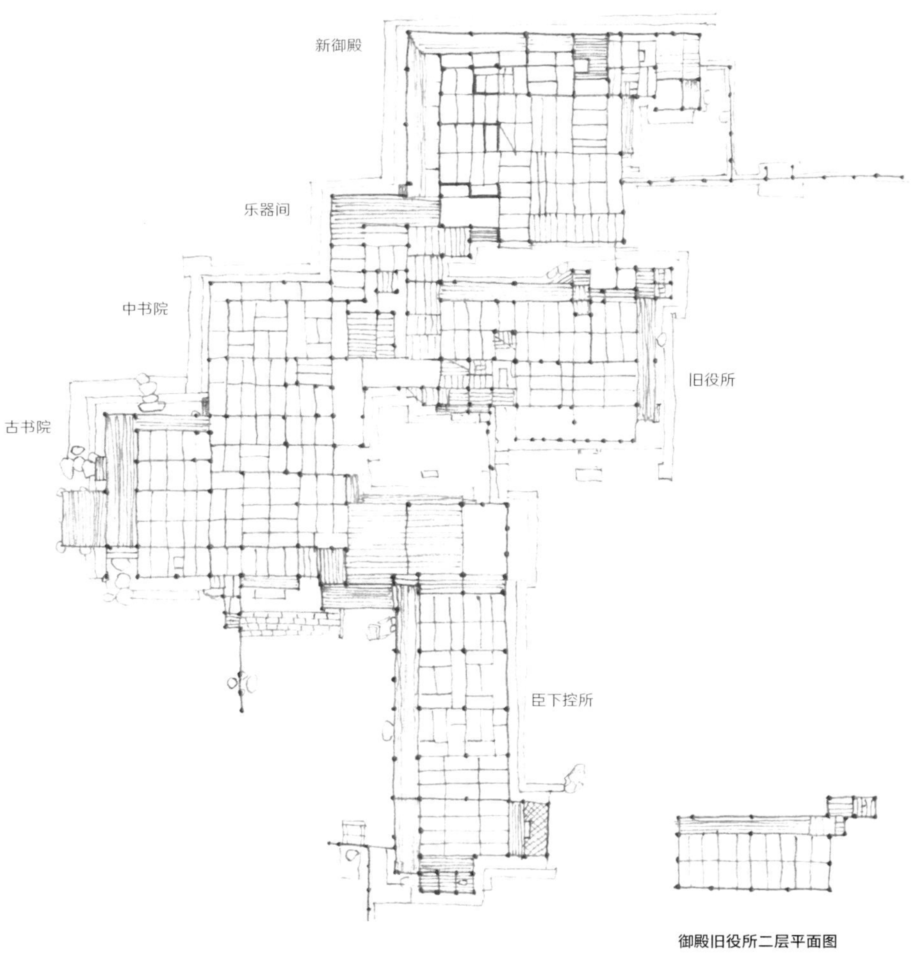

御殿旧役所二层平面图

御殿一层平面图

亀尾的住吉松

月波楼木屋架

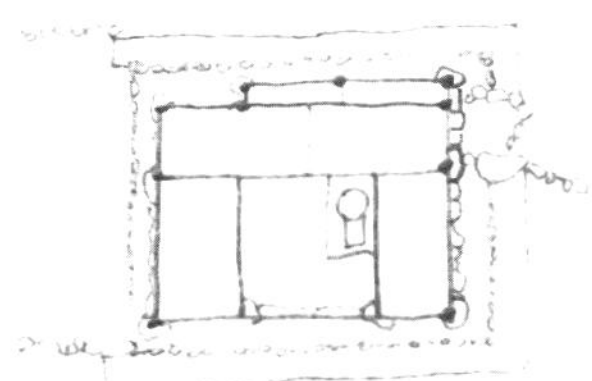

赏花亭 一层平面图

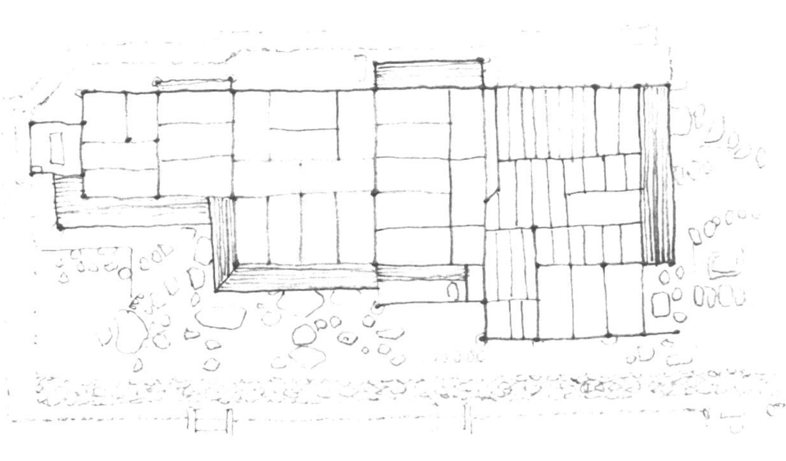

笑意轩 一层平面图

西芳寺 Saihōji Temple

地址：西京区松尾神谷町 56

西芳寺为“古都京都文化财”之一，1994 年列入世界文化遗产名录。原始自然化的苔藓庭园是其最重要的特色。

早在奈良时代就已建寺，之后在历应二年（1339）由梦窗疏石改为禅宗寺院，并为之营造庭园。室町时代，西芳寺已经声名远播，曾是金阁寺、银阁寺模仿的对象。然而，该寺后世屡遭灾害，现存建筑中仅“湘南亭”茶室年代较早，其余均为 20 世纪重建之作。

寺中庭园沿着山势分布，分为高地的枯山水庭园与低处的池泉回游式庭园。园内遍布苔藓，有 120 多个品种，浑然天成。因此，西芳寺又被称为“苔寺”。

小贴士：需要邮寄明信片申请参观，等回复之后方可确认

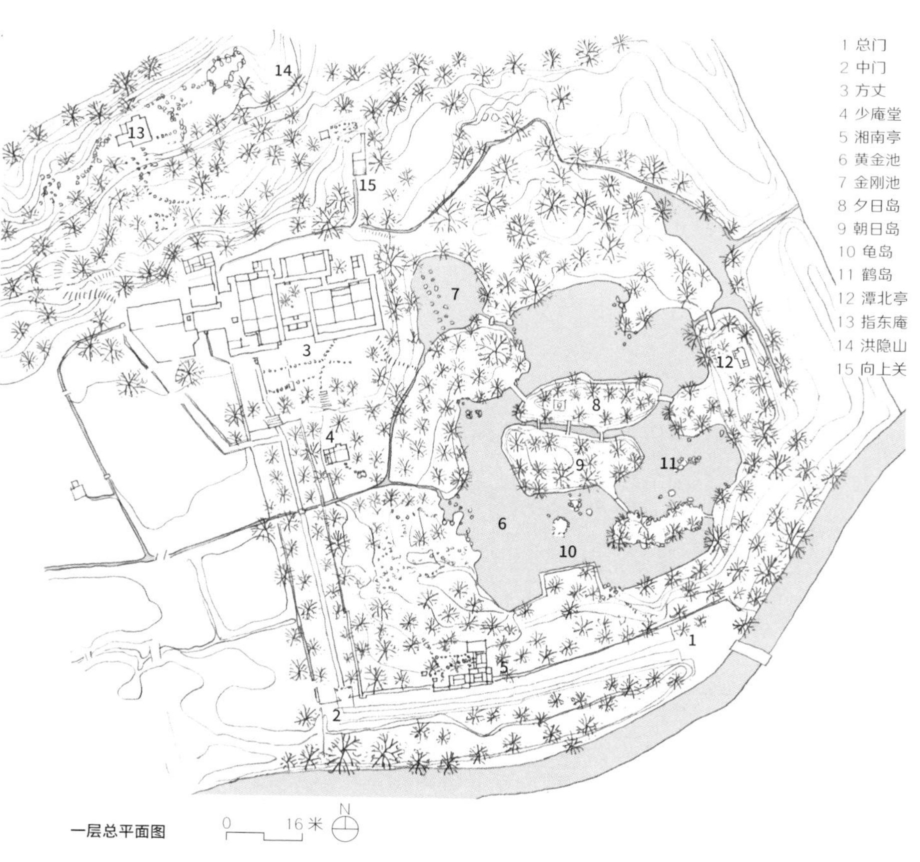

一层总平面图

待庵 Taian Teahouse

地址：乙训郡大山崎町大山崎小字龙光 56

这是现存唯一的由千利休设计的茶室，也是日本现存最古老的茶室，位于京都郊区大山崎的妙喜庵中。由于模仿民居风格，使用朴素的木、竹材料，因此被称为“草庵风”茶室。其内部空间十分狭小，只能容纳二人品茶。

在如此极致的小空间内，千利休集茶道、花道、绘画和庭园艺术之大成。待庵是当时乃至后世日本茶室建筑的重要原型。

小贴士：需要邮寄明信片申请参观，等回复之后方可确认

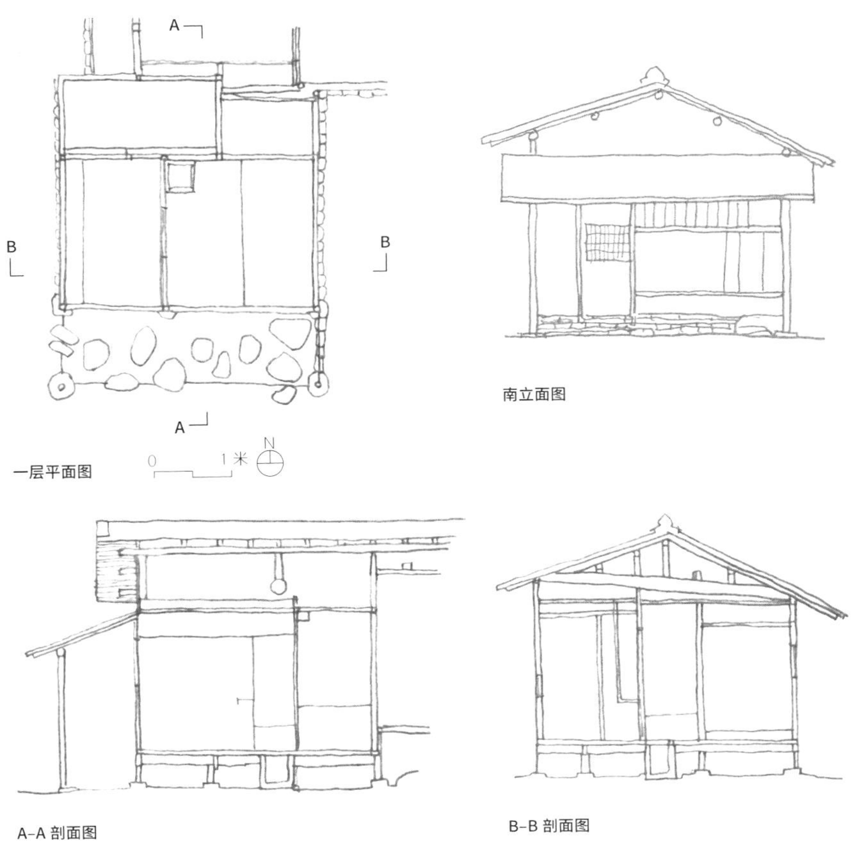

一层平面图

南立面图

A-A 剖面图

B-B 剖面图

美，毫不动摇，《利休》的审美世界

山上宗二：茶人应该追求纯粹的茶道……

千利休：黑色是庄重的。

山上宗二：可是殿下（丰臣秀吉）喜欢金色。

千利休：然而，黄金茶室有不可思议之美，人坐在里面仿佛有无限之感。

山上宗二：因为茶室是您自己设计的啊。

千利休：是不是您对金色的价值有偏见呢？

山上宗二：殿下是被魅惑了，黄金茶室和您的侘茶（わび茶）理念完全不同。我无法认同您远离侘茶的道路。

千利休：我无法把二者分开对待！

山上宗二：太矛盾了！

——《利休》（利休，敕史河原宏，1989）

一、千利休的神话迷宫

千利休（1522—1591）——日本历史上被世代传颂的茶道艺术家，出生于大阪堺市的一个商人家庭，年幼时，拜师武野绍鸥学习茶道，在堺市南宗寺参禅，常往来于京都大德寺。千利休设计了黄金茶室，创作出草庵风茶室和侘茶，被人尊称茶圣。千利休先是作为战国大名织田信长的茶头，织田信长死后跟随丰臣秀吉。丰臣秀吉艺术修养丰厚，在古典文学、连歌、茶道、禅学、儒学和能乐上都有很深造诣。之后，由于二者间的矛盾激化，千利休被命切腹自杀，留下著名的遗言："力囤希咄，祖佛共杀。"

作为日本茶道的集大成者，千利休对后世影响深远，不仅从"利休筷""利休烧""利休棚"等物品的命名中可见一斑，而且在后世茶道流派中占据重要地位的表千家、里千家都和他关系密切，而"侘寂"美学源头就来自千利休的侘茶。

自古关于千利休的记录、传说，乃至现代的研究、电影、电视剧、漫画等数不胜数，其中有一部重要的现代电影《利休》诞生于 1989 年，由日本新浪潮代表导演敕史河原宏（1927—2001）执导。该电影是为了纪念千利休去世 400 周年而创作的。

敕史河原宏早年与作家安部公房合作的《砂之女》（砂の女）《他人之颜》（他人の顔）是日本新浪潮电影的重要代表作，刻画了现代人的存在困境，其晚年拍摄的《利休》则在传统布景中极力展现艺术家的创作与生活。1980 年，敕史河原宏继承了日本三大花道之一的草月流，潜心研究花道与茶道，从而带来了其电影理念上的转变。《利休》从影像层面展现了其新的艺术创作思想，也为千利休与日本的茶道艺术增添了浓墨重彩的一笔。

待庵（秋里篱岛，1799）

来源：秋里籬嶌．都林泉名勝圖會．日本国立图书馆电子文档．https://dl.ndl.go.jp/info:ndljp/pid/9369511

二、千利休与丰臣秀吉，侘寂美之争

丰臣秀吉赐死千利休的原因历来众说纷纭，《利休》对此没有过多关注，而是从各个方面展现二者对美的不同理解。

《利休》对千利休与丰臣秀吉的性格打造非常到位，千利休的扮演者三国连太郎摘得次年日本电影学院奖最佳男主角，丰臣秀吉的扮演者山崎努获得最佳演员提名。影片中二人的性格对比反衬，一静一动：千利休沉静、凝重，举手投足散发出庄重的仪式感；丰臣秀吉坐卧随性，喜怒哀乐阴晴不定。二人的性格差异也体现在他们对茶道朴素与华丽之美的认知差异上。

影片的美学不仅通过演员的表演与音乐、台词来表现，还通过人物与空间、风景、物件整合的影像来表达。《利休》开始于一个著名的典故：丰臣秀吉听说千利休家的庭园里牵牛花盛开得非常美丽，就想去看看。然而，当他来到千利休的庭园里时，却连花的影子都没有看见。他觉得非常奇怪，躬身进入茶室……忽见一枝盛放的牵牛花！千利休以单枝花的盛放代替了群花灿烂，其中暗含着禅宗“无一物”的思想，一花一草一世界。

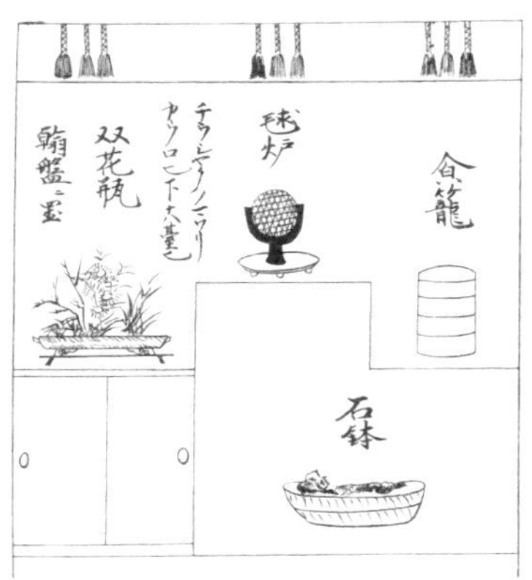

室内的装饰物布置（相阿弥，1523）
来源：日本建築學會．日本建築史図集（新訂第三版）．東京：彰国社，2011.

在勅史河原宏的演绎中，牵牛花之美贯穿在丰臣秀吉进入茶室的整个过程中。影片镜头从茶炉中的炭火转向在茶室准备茶水的千利休，千利休命弟子摘除院中的牵牛花，只留一枝放入茶室的竹瓶。丰臣秀吉探访时，先是站在空无一物的庭园中，然后洗手、卸刀、躬身进入茶室躏口，最终见到茶室中的牵牛花。镜头推移、放大牵牛花，花之美充溢在整个场所中。镜头不时聚焦在庭园飞石、茶室及其中的摆设、茶人手中的各种茶器上，强化着电影的主题——“美，毫不动摇。”

影片没有着力于表现人物所处时代的动荡与杀戮，让“战争”只存在于丰臣秀吉和武士谋臣的对话中，即便是表达从织田信长到丰臣秀吉的权力交替也只是以大火的镜头简单带过。镜头的焦点始终在于对美的展现。

影片中一个重要的场景是黄金茶室，以此体现千利休的广博审美。丰臣秀吉命千利休建造黄金茶室，以接待天皇，而此事引发了千利休与其高徒山上宗二之间的辩论。一句“我无法把二者（黄金茶室与侘茶）分开对待”道出了千利休与勅史河原宏同样的美学观——朴素的草庵茶室与豪华的黄金茶室是对等的。

片尾最重要的一场戏发生在千利休设计的著名茶室“待庵”中，他与丰臣秀吉因政治观点不合而决裂。虽然讲述的是反目，但影片一半的镜头是二人在待庵中欣赏茶器、切磋花道。这里又上演了一个典故：丰臣秀吉命千利休插花，让人取出一个装满水的金盆，上面放着一枝梅花。千利休二话没说，摘下枝条上的花瓣，将其撒入盆中……一片金色中，梅花的花苞和花瓣共同呈现出一幅极美的图画。如同片头的茶室场景，这里除了典故，还有进入茶室前的庭园飞石和茶具的特写镜头。丰臣秀吉环顾这间二畳的茶室，发自肺腑地感叹千利休在局促的方寸之间创造的美。

感叹源自丰臣秀吉被千利休作品中的“侘寂”美深深打动。这原本是由两个词构成——“侘”和“寂”。“侘”指“物质不足，一切难尽己意而蹉跎生活之意”。千宗旦引《释氏要览》，“狮子吼问菩萨：少欲和知足有何差别？佛言：少欲者不取，知足者得少不悔恨”。“寂”可简单理解为“安静”，在佛教中，“寂”

又带有“涅槃”“清静”之意。茶道与佛教息息相关，如《叶隐》中有：“茶道的本意是使六根清净。”即茶道的目标是洗去尘埃，达到佛家的“六根清净”。

达到“寂”有“侘寂”和“绮丽寂”两种方式。“侘寂”追求的是简朴、缺憾之中的美，千利休的作品通常被认为是“侘寂”美的代表；“绮丽寂”追求华丽之美，后世小堀远州的作品通常被认为是“绮丽寂”的代表。

“美，毫不动摇。”千利休对美的执着追求令在性格和审美上迥异的丰臣秀吉也不由得钦佩和赞赏。影片中，他为千利休作短歌一首：

汲内心深泉
煮一壶清茶
方知为茶道

三、作为综合艺术的茶道，物的呈现

影片除了描绘千利休和丰臣秀吉，还描绘了围绕在他们身边的众多大名、家臣和茶人，那么电影的主角是沉静的千利休？还是狂躁的丰臣秀吉？实则都不是，主角是茶人手中、眼中的各种艺术之物。

高台寺（秋里篱岛，1799）
采源：来源：秋里籬島．都林泉名勝圖會．日本国立图书馆电子文档 .https://dl.ndl.go.jp/info:ndljp/pid/9369511

影片中许多场景是在遗存至今的著名茶室中实景拍摄的，除了片尾的待庵，片中还出现了燕庵、时雨亭、伞亭、听秋阁等茶室。不再存世的作品，如黄金茶室是复原之作。片中使用的茶器、挂轴、屏风等，许多是从日本各大美术馆借用的国宝级艺术品。据说在拍摄现场，使用这些国宝给演员带来了极大压力，主演千利休的三国连太郎因为紧张得发抖，导致许多场景不得不重拍多次。

1．茶室

茶室是茶道的载体。影片中的重要场景几乎都是以茶室为背景展开的。除了待庵外，在高台寺的伞亭中，丰臣秀吉与众人商议攻打朝鲜的事宜，场景的第一个镜头是从仰视伞亭的屋顶木结构开始转入平坐的视点；在时雨亭中，描述丰臣秀吉与弟弟丰臣秀长讨论千利休与德川家康时，摄像机首先架于时雨亭的背面，透过茶室二层窗户形成的“空”远眺高台寺与京都的风景；在听秋阁中，丰臣秀吉与母亲会面，茶室外的山溪、树林尽现。

2．茶器

茶道无法离开茶器。茶是由佛教僧人从中国引入日本的，而茶道的兴盛和禅宗关系密切。《利休》的内容呈现很少直接触及佛教，而是聚焦在茶器等艺术品上。片头茶炉中的炭火如艺术品一般优美；千利休和丰臣秀吉沏茶、喝茶时，红乐茶碗常常被放大成特写；千利休拜访古田织部时，古田织部只有背影，织部烧陶艺品——古伊贺水指和黑织部沓形茶碗却牢牢占据着画面中心。著名的黑乐茶碗、红乐茶碗、织部烧、唐物肩冲茶入等茶器一一登场，甚至烧制黑乐茶碗的过程也作为影片的一个重要桥段，以引出山上宗二与千利休间的辩论。

3．花道

勅史河原宏在影片中表现出独特的花道审美，插花在《利休》中几乎无处不在。不仅是片头对牵牛花的表现，几乎每一座茶室中都有插花点缀，或挂于柱上，或立于床之间，甚至在与外景融为一体的时雨亭中也不忘摆置插花。影片利用花道表达了人物的性格：在千利休的场景中，插花多隐匿，藏于边角，而丰臣秀吉则常坐在大而华贵的插花前。

4．书画

《利休》中不仅有千利休的书画，也有同时代其他艺术家的作品：有奢华的贵族金碧绘画，也有长谷川等伯著名的《枯木猿猴图》（枯木猿猴図）和《松林图》（松林図）——真实呈现了这些障壁画在建筑空间中的生活场景。不仅如此，勅史河原宏在影片中还记录了水墨画的创作过程，以此呈现日常生活中的书画艺术。

《利休》极尽审美意境的想像，通过特定的场景、严格筛选出的艺术品来表达特定的美的观念。例如讲述梅花的典故，勅史河原宏将场景设置在极小的待庵，为了与其朴素氛围相符，原典故中金色盆也被替换成黑色盆；丰臣秀吉与其母对话的一段设置在听秋阁，这是在 20 世纪初移建到横滨三溪园的建筑，并非真正的古代环境。茶道原本带有浓厚的佛教意义，但影片中，茶道更多呈现为对物的纯粹审美。勅史河原宏通过想象去呈现千利休的艺术生活，也以此呈现了他所理解的艺术家的内在精神。

山水图（村田珠光，室町时代）
来源：京都国立博物館．千利休展．京都：京都国立博物館，1990.

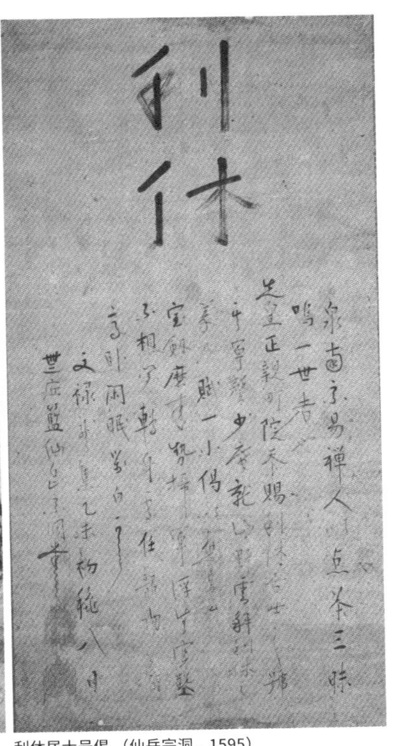

利休居士号偈（仙岳宗洞，1595）
来源：京都国立博物館．千利休展．京都：京都国立博物館，1990.

利休

泉南宗易禅人以点茶三昧

鸣一世者也

先皇正亲町院忝赐利休居士之号

其宁馨少庵就山野需解利休之义

乃赋一小偈以应焉云

宝剑磨来势扫军　浮生穿凿

不相闻　转身处任韵阳答

高卧闲眠对白云

文禄龙集乙未初秋八日
无底篮仙岳宗洞书之

东福寺 Tōfukuji Temple　地址：东山区本町 15-778

东福寺在禅宗的京都五山中位列第四，于嘉祯二年（1236）年建立，这里不仅名僧辈出，而且是形制保存最为完整的禅宗寺院之一。日本最古老的佛寺禅堂、厕所和浴室建筑都保存于东福寺中，还有相传出自雪舟之手的庭园造景。

方丈的庭园名为“八相之庭”，由日本现代造园家重森三玲设计，以网格和几何形式组织植被和园石布局，以表现释迦的成道之路。该园景致相较于传统的枯山水营造更为抽象，是日本早期现代庭园的重要代表作。

除了古迹遗存，东福寺另一特色是建筑空间与地貌的结合：三门的轴线对应着本堂和方丈，方丈沿山坡而建，四周庭园各不相同。通天桥跨过山谷，通向纪念开山高僧圆尔的常乐堂。偃月桥与龙吟庵相连。每一处空间都在佛寺的形制和地势之间形成精妙的平衡，令人印象深刻。

总平面图

从通天桥看方丈

常乐庵

东司与禅堂

本堂与禅堂

三门

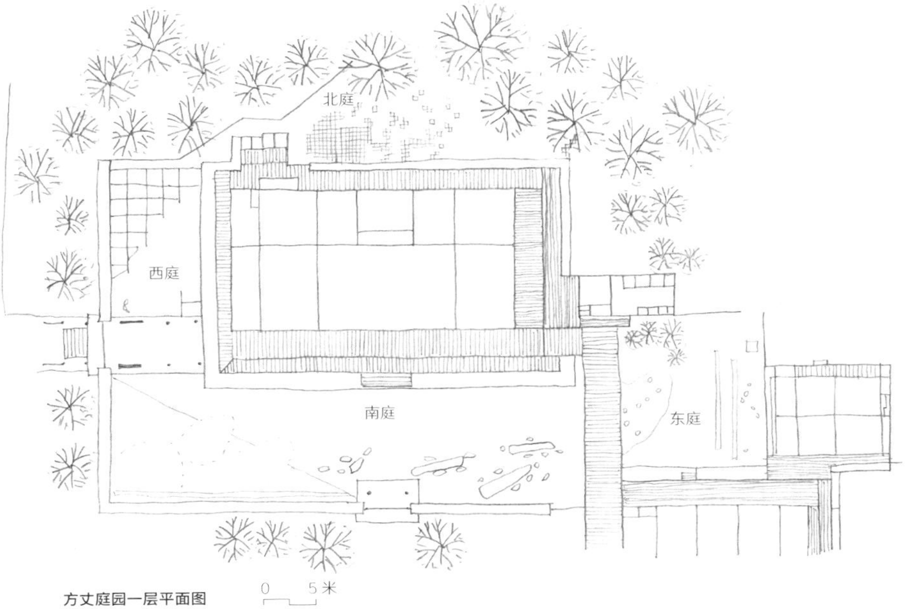

北庭

西庭

南庭

东庭

方丈庭园一层平面图 0 5米

从通天桥看方丈与本堂的轴线

北庭

南庭

通天桥

西庭

醍醐寺 Daigoji Temple

地址：伏见区醍醐东大路町 22

醍醐寺是真言宗醍醐派的总本山，寺院包含上、下两部分：上醍醐深藏于山野之中，最初由空海的徒孙创立，后在醍醐天皇的庇护下逐渐发展，沿山麓而下形成伽蓝殿宇众多的下醍醐。

下醍醐的布局较为规整，其中保存着寺内最古老的建筑——始建于 951 年的五重塔。上醍醐的清泷宫拜殿和药师堂等建筑随着山势布局，与环境关系紧密。从下醍醐步行到上醍醐大约 1 小时，中间山势陡峻难行，路途体验的变化似乎提示着从伽蓝修行转向山野修行的不同境界变化。

醍醐寺在历史更迭中饱经沧桑。在室町时代的应仁之乱中，下醍醐规模宏大的建筑群几近全毁，唯有五重塔、金堂、三宝院得以幸存。之后，丰臣秀吉为了在三宝院举行“醍醐赏花”会，部分恢复了昔日的盛景。现存的三宝院庭园相传由丰臣秀吉设计，其中表书院建筑采用古老的寝殿造样式，其悠久可见一斑。

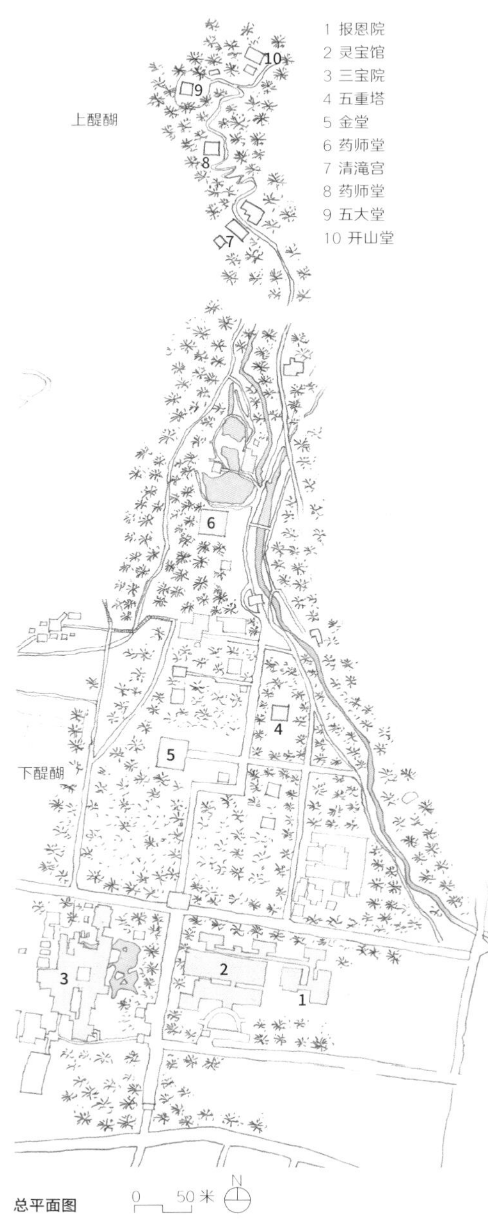

总平面图

三宝院庭园

上醍醐的参道

五重塔

药师堂

平等院 Byōdōin Temple　　地址：宇治市宇治莲华 116

平等院在平安时代是贵族专心念佛、祈愿来世福报的寺院，其中的凤凰堂是当时体现末法思想的重要遗存。建筑共分为两层，一层堂内供奉着金色阿弥陀如来像，二层禁止入内，更多是为了表现凤凰堂的纪念性。

据记载，凤凰堂在最初建造时以仿造极乐净土为构思，形式庄严，色彩辉煌，集中体现了当时日本在雕刻和绘画方面的最高技艺。之后，随着岁月销蚀而日渐暗淡，显露出朴素之美。2012 年，相关机构对凤凰堂展开了大规模修缮，并复原为最初建造时的红黄色系。华丽的建筑与池中倒影相互映衬，熠熠生辉。

总平面图

凤凰堂东立面

凤凰堂全景

凤凰堂北立面

日观想图（荒木惠信 复原，2014）
来源：平等院鳳翔館．平等院鳳翔館．京都：平等院鳳翔館，2002.

三井晚钟（歌川广重，19 世纪）

来源：歌川广重．近江八景．日本国立国会图书馆电子文档．https://dl.ndl.go.jp/info:ndljp/pid/1304662?tocOpened=1

关西 Kansai

01 **石山寺**
地址：滋贺县大津市石山寺 1-1-1

02 **光净院**
地址：滋贺县大津市园城寺町 246

03 **西明寺**
地址：奈良县葛城市当麻 1263

04 **不动院**
地址：滋贺县大津市坂本 4-6-1

05 **延历寺**
地址：滋贺县大津市坂本 4220

06 **净土寺**
地址：兵库县小野市净谷町 2094

07 **箱木千年家**
地址：兵库县神户市北区山田町冲原 1-4

08 **鹤林寺**
地址：兵库县加古川市加古川町北在家 424

09 **姬路城**
地址：兵库县姬路市本町 68

10 **大阪城**
地址：大阪府大阪市中央区大阪城 1-1

11 **吉村家**
地址：大阪府羽曳野市岛泉 5-3-5

12 **根来寺**
地址：和歌山県岩出市根来 2286

13 **金刚峰寺**
地址：和歌山县伊都郡高野町高野山 132

14 **熊野本宫大社**
地址：和歌山县田辺市本宫町本宫 1100

15 **熊野那智大社**
地址：和歌山县东牟娄郡那智胜浦町那智山

16 **伊势神宫**
地址：三重县伊势市宇治馆町 1

关西古园分布

底图来源：https://map.tianditu.gov.cn/2020/ 天地图 GS(2021)1487 号 - 甲测资字 1100471

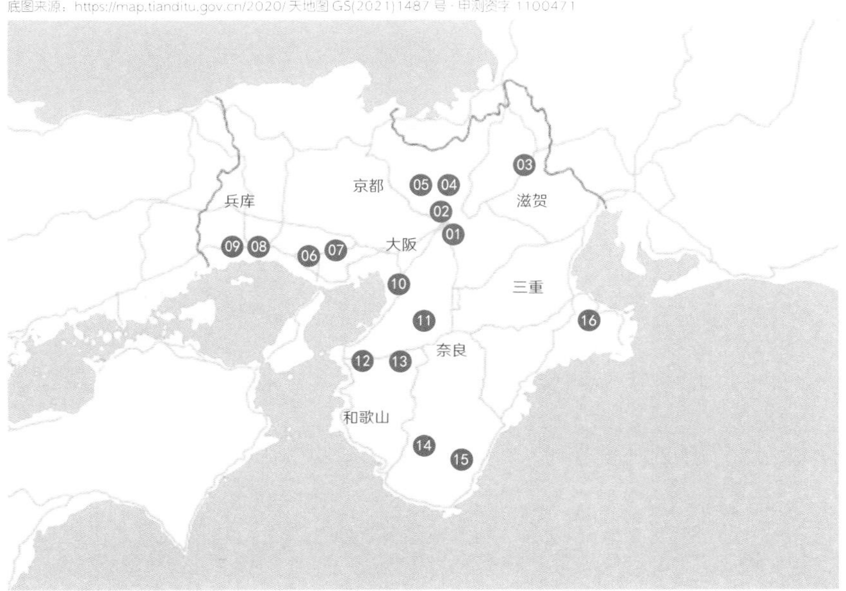

石山寺 Ishiyamadera Temple

地址：滋贺县大津市石山寺 1-1-1

石山寺位于琵琶湖畔，是当地“近江八景”中的“石山秋月”所在地，经常出现在众多日本文学名著中。自 15 世纪始，石山寺允许庶民参拜，是“西国三十三所观音灵场”之一，与清水寺、长谷寺等一样，供奉观音菩萨。

石山寺拥有日本最古老的多宝塔，根据金刚界曼陀罗三昧耶会图，多宝塔内不供奉舍利，而是供奉大日如来。历史悠久本堂建造于陡坡之上，为适应地势而运用的悬造结构成为建筑显著的特色，其内供奉如意轮观音像。

山坡上有一座轻盈的木亭，名为“月见亭”。在亭内可远眺琵琶湖和周边景色，是古时庶民云集观赏“石山秋月”名景的最佳地点。“月见”不仅引人怀想古时人潮攒动的盛况，也成为此地一个鲜明的文化记忆。

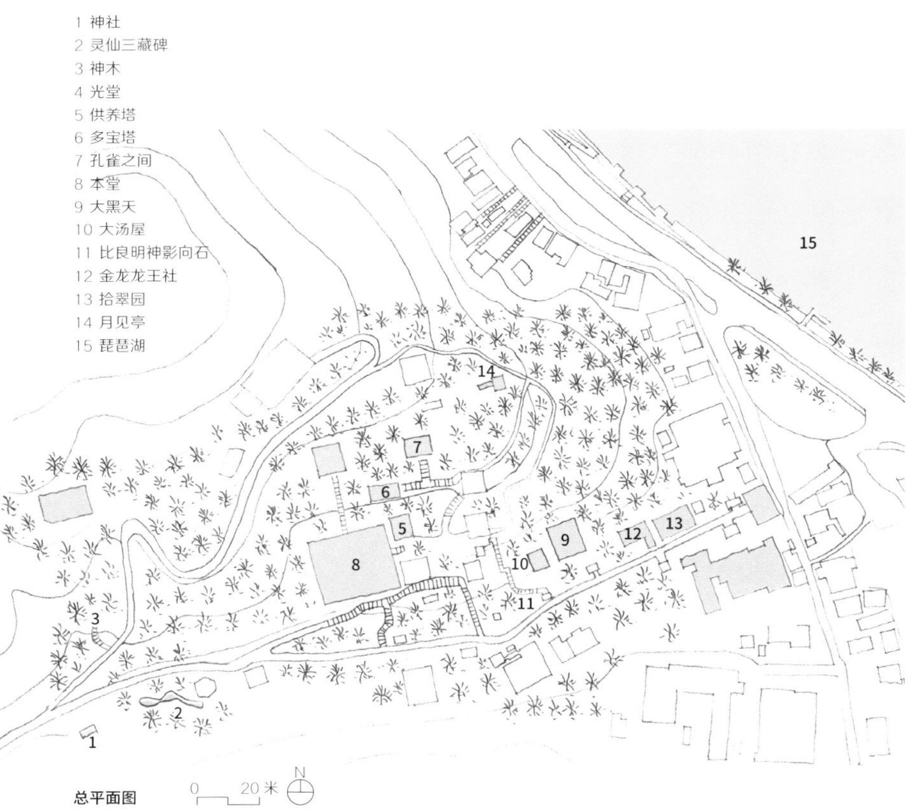

总平面图

本堂

多宝塔

石山秋月（歌川广重，19 世纪）

来源：歌川广重．近江八景．日本国立国会图书馆电子文档．https://dl.ndl.go.jp/info:ndljp/pid/1304662?tocOpened=1

从石山寺远眺琵琶湖

光净院 Kojoin Temple

地址：滋贺县大津市园城寺町 246

光净院位于大津市三井寺内，建立于庆长六年（1601），其中的客殿是日本早期书院造的代表性建筑。院内收藏了包括狩野派山水画在内的诸多著名艺术精品。

由外界走入光净院的路径十分迂回。首先需要经过三井寺的重重院门，犹如前往一个未知的世界；而后，迎面而出的是封闭的客殿正立面，如同照壁一般遮挡了前行的视线，使人无法看到庭园内部的景象；直至进入室内，原始山林与粼粼水光豁然呈现于眼前——这是一座由自然山体与建筑相抱而成的内向庭园，质朴、宁静。对于探访者而言，在室内见到此情此景宛如方寸之间见天地，心中按捺已久的好奇在清幽景致中得以平复和满足。

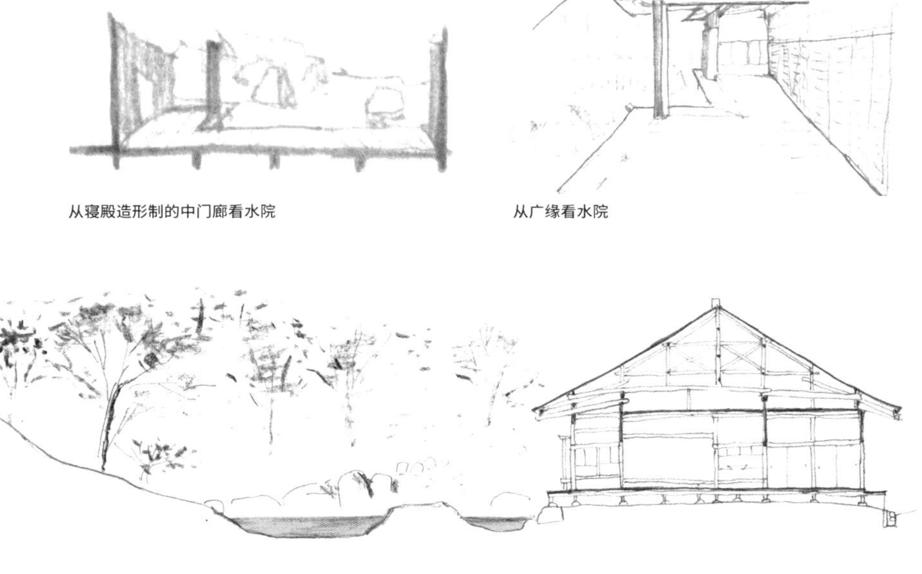

从寝殿造形制的中门廊看水院

从广缘看水院

剖面图 A-A　0　2米

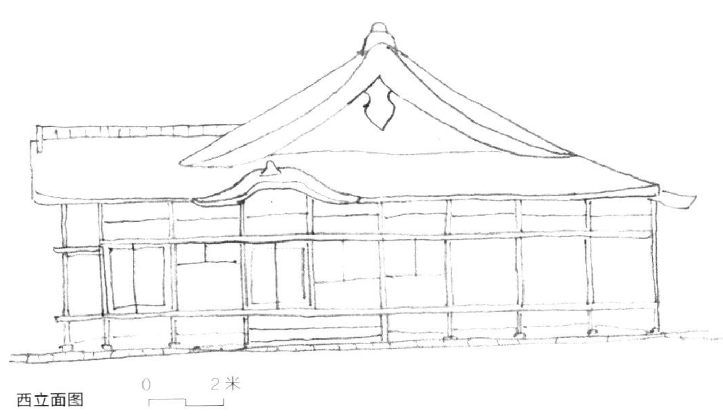

西立面图 0 2米

1 上座之间
2 次之间
3 上段之间
4 中门廊
5 广缘

A
3
1
A
5
2
4
客殿

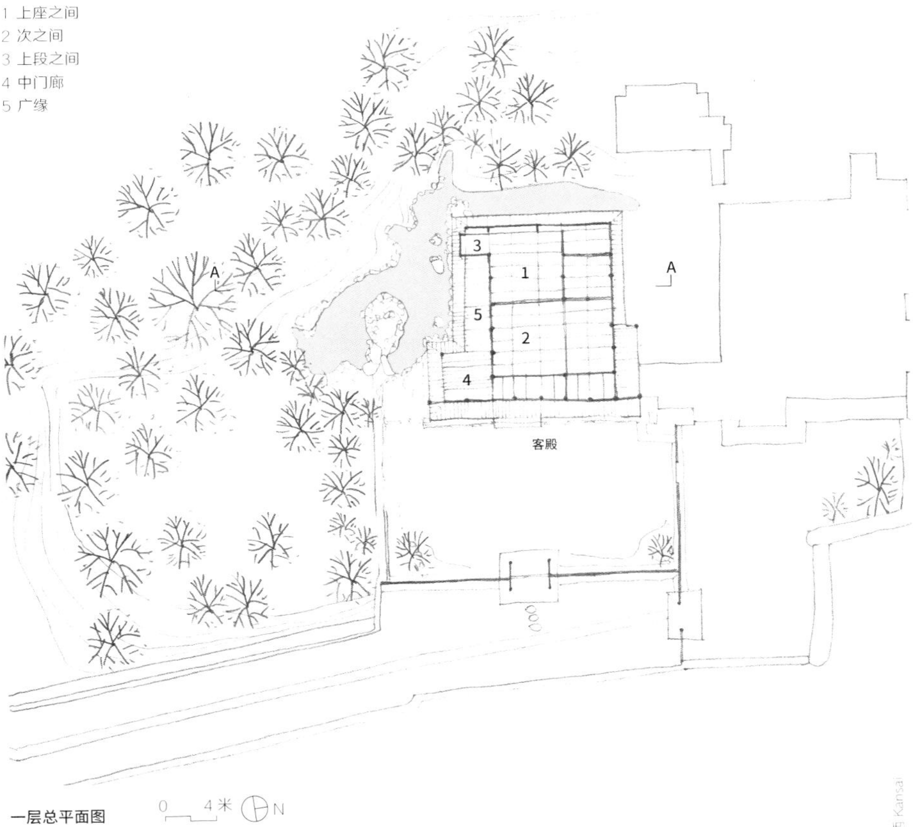

一层总平面图 0 4米 N

净土寺 Jōdoji Temple

地址：兵库县小野市净谷町2094

净土寺是一座创立于建久五年（1194）的真言宗寺院，最初由复兴东大寺大佛殿的僧人重源主持建造。

净土寺位于一座西向高台之上，以水池为中心，在其东、西、南、北各有一座建筑，形成十字形的寺院布局，东、西两侧分列着供奉药师如来的药师堂和供奉阿弥陀如来的净土堂——两座寺中历史最悠久的建筑。

同为重源所建，所以净土寺与东大寺的建筑风格有承袭相近之处，例如净土堂木构与东大寺的南大门同为大佛样。很特别的是，净土堂内的阿弥陀如来、观音、大势至菩萨等佛像均面朝东方布置，每当下午时分，阳光西照，形成佛像身后的佛光，神圣不可方物。

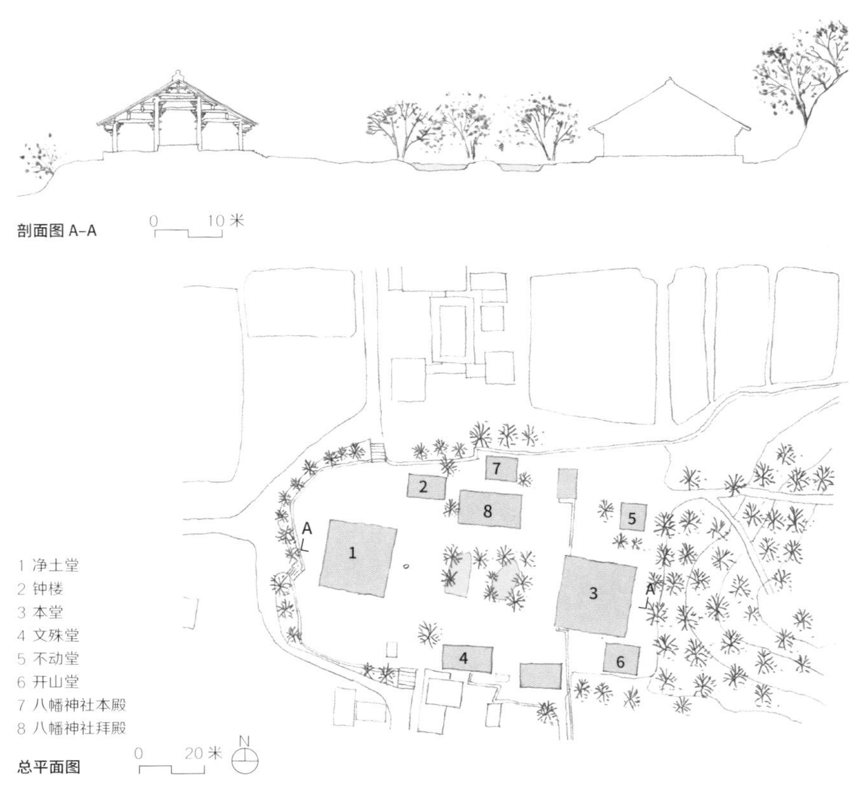

剖面图 A-A

总平面图

净土堂东立面

八幡神社

净土堂与八幡神社

净土堂

净土堂细部

箱木千年家 Hakogi Sennenya House

地址：兵库县神户市北区山田町冲原 1-4

箱木千年家是日本现存最古老的民居，据考建造于 13 世纪末，最初是地方豪族的住宅。

现存建筑中最重要的部分是保留自 13 世纪的主屋和江户时代的离屋。主屋部分的木构件已经有 700 多年历史，内部布置着各种农具，复原了古代农家生活的日常景象。建筑南侧有缘侧朝向院子。典型日本民居风格的院子非常朴素，没有日式庭园中常见的精致造园手法。

主屋与庭园

一层平面图

主屋缘侧

主屋土间

大阪城 Osaka Castle

地址：大阪府大阪市中央区大阪城 1-1

大阪城是日本重要的古代城郭建筑，最初由丰臣秀吉力主修建，作为与德川家康争夺天下的一个军事据点，后被毁。现存大阪城是由德川幕府重新修建的，城墙与护城河格局基本保留至今；城中心的天守阁为 1931 年重建之作。大阪城部分遗址区域现已开发为当地重要的城市公园和公共服务设施，古代历史的纪念性空间转变为当代城市公共生活的载体。

天守阁

1 外濠
2 丰国神社
3 白玉神社
4 天守阁
5 大坂城公园
6 内濠

总平面图

石墙

外濠

赞岐久保谷浜 （歌川广重，19 世纪）

来源：歌川广重 . 诸国名所百景 . 日本国立国会图书馆电子文档 . https://dl.ndl.go.jp/info:ndljp/pid/1307518

四国 Shikoku
中国 Chūgoku

01 闲谷学校
地址：冈山县备前市闲谷 784

02 冈山后乐园
地址：冈山县冈山市北区后乐园 1-5

03 仓敷美观地区
地址：冈山县仓敷市

04 吉备津神社
地址：冈山县冈山市北区吉备津 931

05 严岛神社
地址：广岛县廿日市市宫岛町 1-1

06 琉璃光寺
地址：山口县山口市香山町 7-1

07 出云大社
地址：岛根县出云市大社町杵筑东 195

08 三佛寺
地址：鸟取县东伯郡三朝町三德 1010

09 栗林公园
地址：香川县高松市栗林町 1-20-16

10 高松城
地址：香川县高松市玉藻町 2-1

11 金刀比罗宫
地址：香川县仲多度郡琴平町字川西 892-1

四国·中国古园分布
底图来源：https://map.tianditu.gov.cn/2020/ 天地图 GS(2021)1487 号 - 甲测资字 1100471

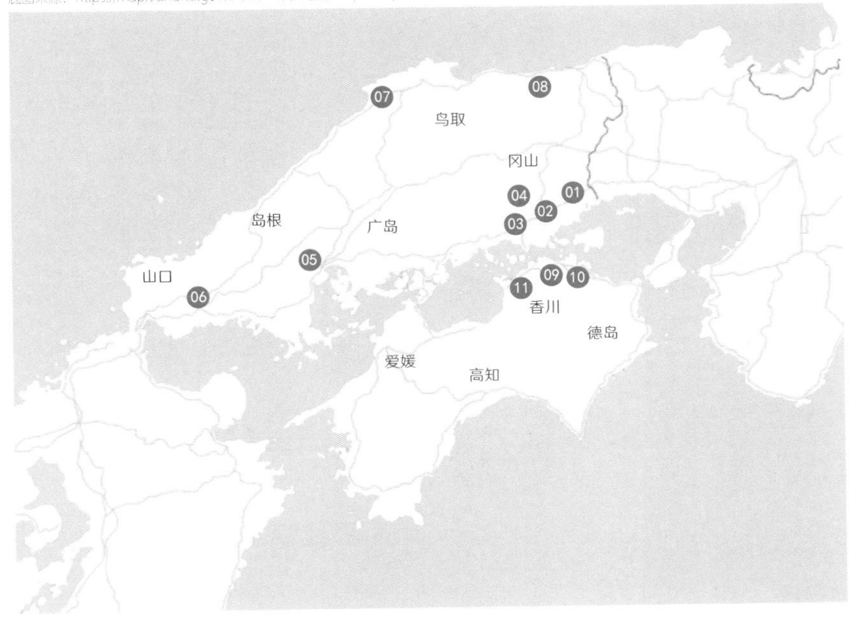

闲谷学校 Shizutani School

地址：冈山县备前市闲谷 784

闲谷学校是日本现存最古老的平民学校，兴建于 1670 年，由当时的冈山藩主池田光政创立。从江户时代才开始出现的日本平民学校大多已毁于灾乱，而闲谷学校至今仍完整地保存着讲堂、神社、圣庙等重要建筑单体，是十分宝贵的历史遗存。

依据儒家思想设立的闲谷学校中有专门祭祀孔子的圣庙，还有供平民接受教育的讲堂。讲堂四个立面各有一扇大门和数扇大尺寸的花头窗，阳光透过门窗洒入讲堂内，形成柔和的散射光。讲堂外观具有纪念性建筑的特征——四个立面开窗方式相同，设计均质，但因其四周不同的风景——北侧紧依山坡，南侧毗邻农田，东侧有圣庙和神社两座建筑，西侧面向低矮石墙，仍能带给人丰富的感受，颇具文艺复兴时期帕拉第奥圆厅别墅的魅力。

山坡上的圣庙和神社各自有围墙环绕，尺度虽小，却不乏与世隔绝的体验。冯纪忠先生曾把上海松江方塔园的设计理念归纳为“风景的旷奥”，闲谷学校也类似：群山环抱中，蜿蜒的石墙、散布在草坡上的古建筑，无不引向“旷奥”的意境。

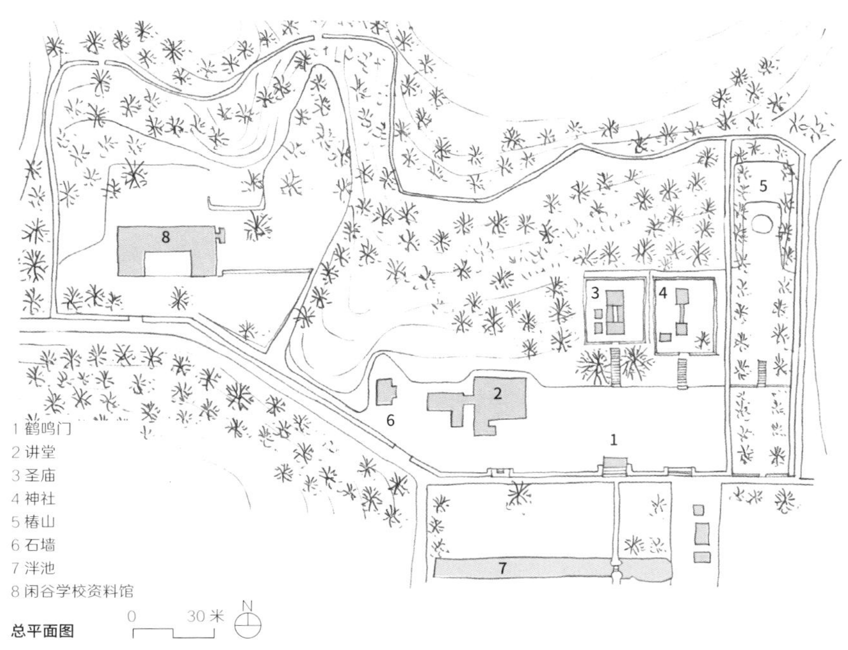

总平面图

讲堂

讲堂室内

圣庙

石墙

从洋池看讲堂

冈山后乐园 Kōrakuen Garden

地址：冈山县冈山市北区后乐园 1-5

后乐园位于冈山市旭川的中州，与冈山城隔水相望，由冈山藩主池田光政于元禄十三年（1700）建成，原名“御后园”，明治时代对公众开放后改为现名。

后乐园庭园的建设与冈山城和周边河流水利密切相关。园中景观曾以农田为主，是农业水利的一部分，现在仍能清晰分辨当初的田园风光。

整个庭园建筑以延养亭为中心，水景贯穿全园。五十三次腰挂、茶室、廉池轩、流店等建筑沿水布局，各具特色。其中的流店以“曲水流觞”为概念，引水横穿而过，并在水景两侧分设木台，常有游人坐在木台上沐足戏水。

纵观整座庭园，既有近处平旷的田园景致，又有登台远眺的高远气象，还有饶富趣味、触手可及的自然山水体验，加之借景操山和冈山城，景致可谓层次丰满、疏密得宜。

从唯心山远眺延养亭

泽之池

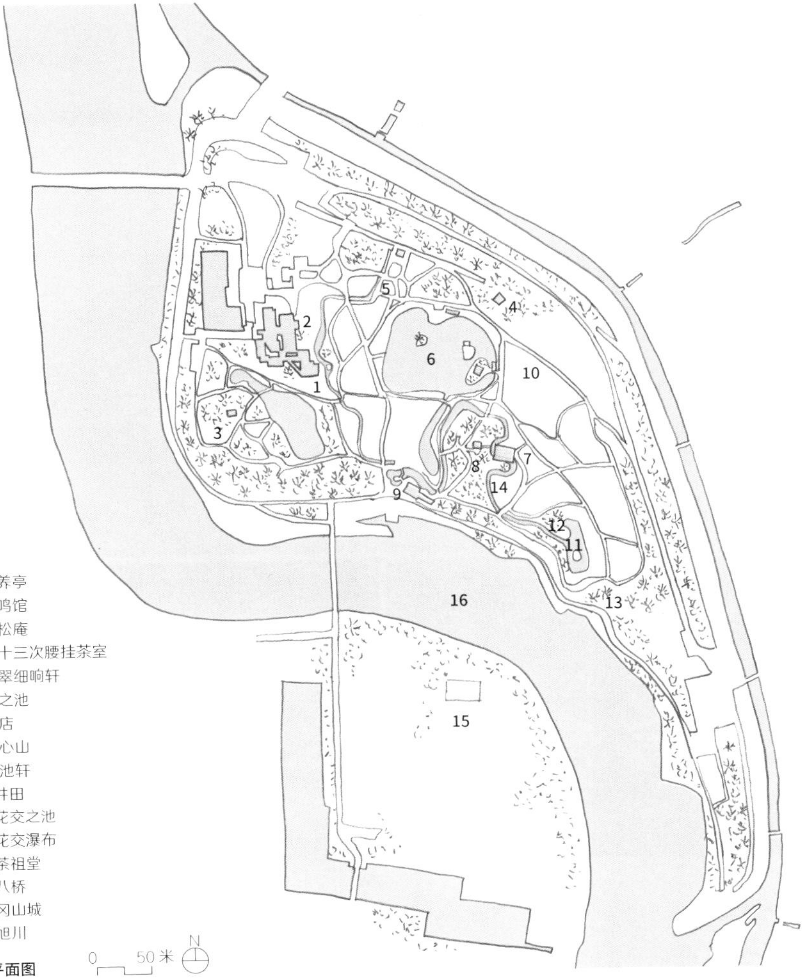

1 延养亭
2 鹤鸣馆
3 茂松庵
4 五十三次腰挂茶室
5 寒翠细响轩
6 泽之池
2 流店
8 唯心山
9 廉池轩
10 井田
11 花交之池
12 花交瀑布
13 茶祖堂
14 八桥
15 冈山城
16 旭川

0 50米 N

总平面图

延养亭

泽之池

廉池轩

八桥

流店

流店

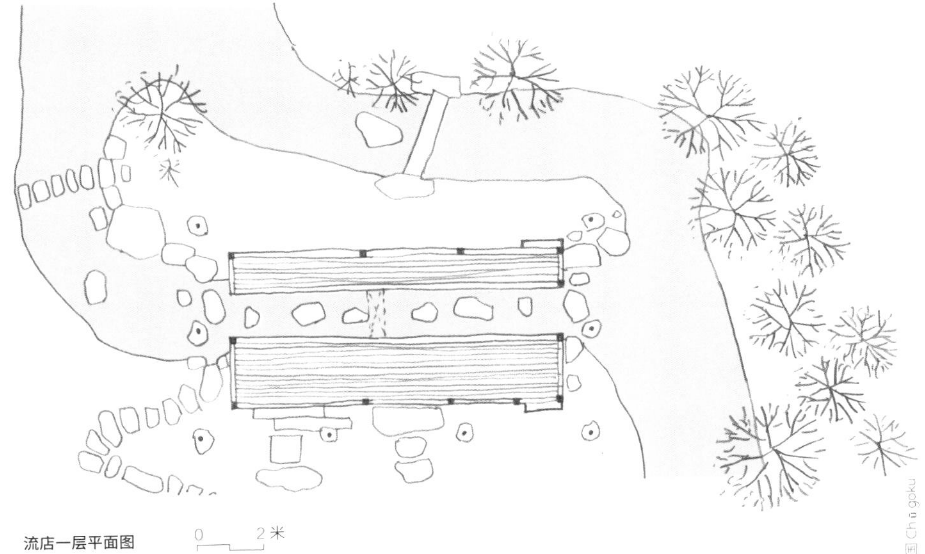

流店一层平面图

仓敷美观地区 Kurashiki Bikan Historical Area

地址：冈山县仓敷市

仓敷位于冈山县南部的冲积平原，城市西侧的高梁川向南流入濑户内海。在宽永十九年（1642），仓敷被划定为德川幕府的天领，以运河交通为核心，成为当时的物资商贸集散中心。

独具特色的水乡风情完整保存至今的仓敷美观地区与当地以纺织业起家的大原家族密不可分。大原家族热衷于地方街区建设，并在传统街区中更新置入现代的酒店、美术馆等设施。仓敷大原美术馆建立于 1930 年，是日本最早展示西方现代艺术的美术馆。

街道中的传统民居大多保存完好，其中最典型的是“大桥家”。该建筑建于 1796 年，具有古代商家建筑的特征，主体是厚实的土藏造。贴瓦的“海鼠壁”立面等细部是当地住宅的典型做法。

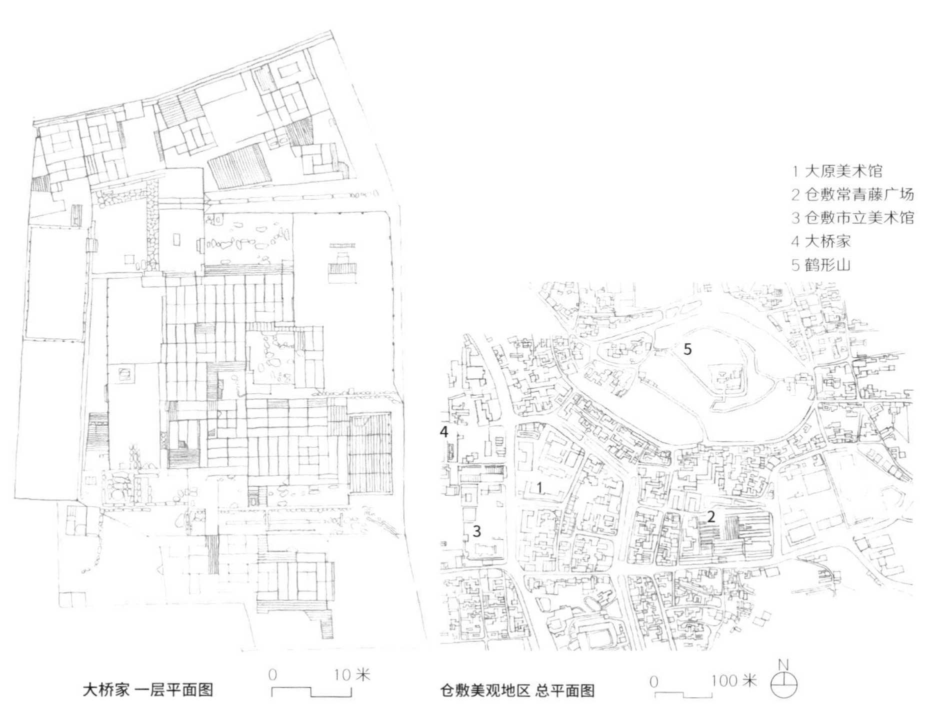

大桥家 一层平面图

仓敷美观地区 总平面图

大原美术馆

河景

仓敷商店的引扎（佚名，明治时代）

来源：日本の町並み．仓敷．東京：学習研究社，2004.

大桥家 庭园

街景

严岛神社 Itsukushima Shrine

地址：广岛县廿日市市宫岛町 1-1

这座位于广岛南部严岛的神社是日本久负盛名的海上神社。严岛又称“宫岛”，与“天桥立”“松岛”并称为“日本三景”，从该岛最高峰弥山的峰顶可以眺望濑户内海的众岛。在古代，严岛被视为侍奉神明的岛屿，其本身也是自然崇拜的对象，严岛神社因此而建。岛上散布着众多古迹，如千畳阁、大圣院等。

据记载，严岛神社曾由平清盛重建，后遭火灾焚毁，再次重建于仁治年间（1241），弘治二年（1556）进行了改建。出于对神明的敬重，“血”和“死亡”被列为岛上的禁忌，依照古代风俗，当地妇女怀孕生子必须离岛百日方能回来，而严岛神社的本殿曾在战乱中遭血污，弘治二年的改建与此相关。

闻名遐迩的神社大鸟居位于大海之中，与本殿的主轴线相对应，一般要坐船前往参观，但在退潮后，也可步行到达。神社与海岸围合的庭园随着潮水的涨落不断变化着自身形状，彰显着空间的时间性。

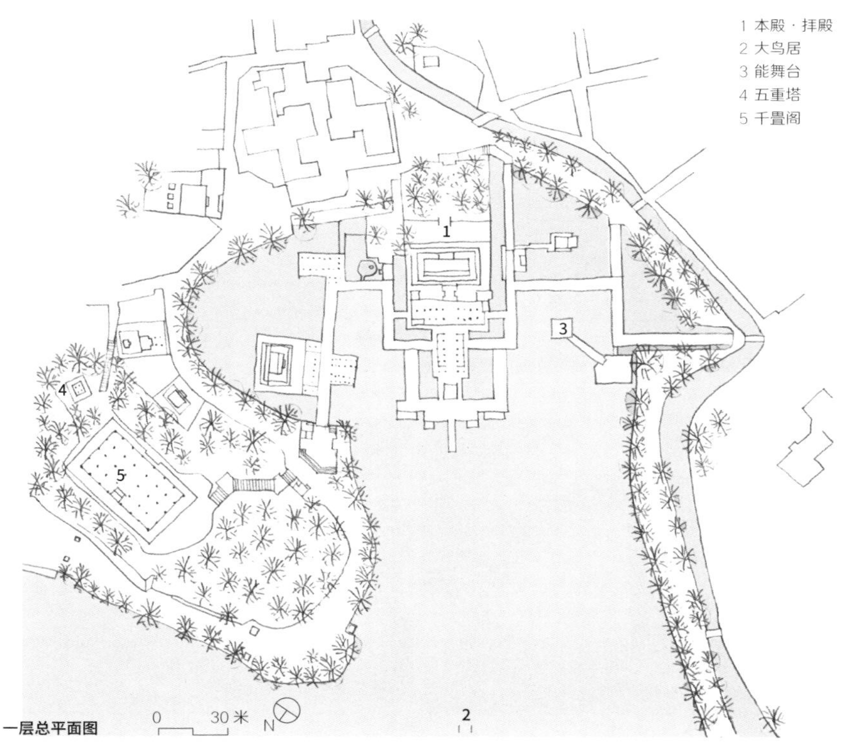

一层总平面图

本殿与大鸟居

大鸟居

千畳阁

千畳阁与五重塔

从西岸远眺神社

栗林公园 Ritsurin Park

地址：香川县高松市栗林町 1-20-16

栗林公园是日本近代公园的代表，除了供人观赏和休憩，该公园中还建有博物馆、美术馆等公共设施，其中的香川县博物馆现改为“商工奖励馆”，供举办各种公共活动之用。

栗林公园最初是地方豪宅的庭园，因此亦有文献将栗林公园称为“栗林园”，以此强调其作为传统庭园的特质。然而，从历史来看，园中重要的造景都是在改名“公园”后修建的，“公园”的命名表明了其作为市民活动场所的重要属性，是时代的见证。

漫山遍野形态各异的松树是栗林公园的重要景观。从布局上看，整个庭园可分为以商工奖励馆和掬月亭为中心的两大区域。木构的商工奖励馆平面中心对称，与规则的草坪广场共同形成欧式庭园的特征。掬月亭是数寄屋风格的木构建筑，不但沿南湖有着开阔的景观视野，将偃月桥、松林和岛屿尽收眼底，而且水平延展的掬月亭与背后的紫云山共同组成了一幅壮美的自然画卷。

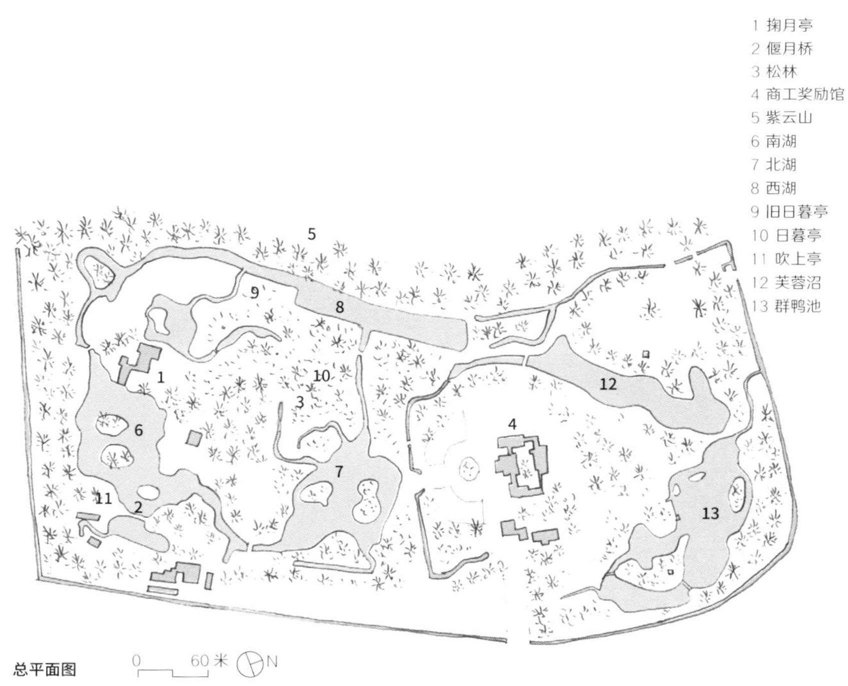

总平面图 0 60 米 N

掬月亭与紫云山

掬月亭室内

旧日暮亭

掬月亭入口庭园

南湖水岸

高松城 Tamamo Castle

地址：香川县高松市玉藻町 2-1

紧靠濑户内海的高松城又称“玉藻城”，建于 16 世纪末，因安土桃山时代的水攻战役而闻名。城墙曾濒临大海，是日本少见的临海城郭，被称为“日本三大水城”之一。城中的披云阁曾是藩主住宅，于 1917 年由清水组重建，是大正时代木构建筑的重要代表。

高松城地势较为平坦。城内护城河水系因引入海水而时见海鱼游动。在城墙的高处眺望，护城河和濑户内海几乎连成一片。特殊地貌使高松城内的风景与无垠的大海融为一体，这种水天相接之感在日本庭园营造中堪称独绝。

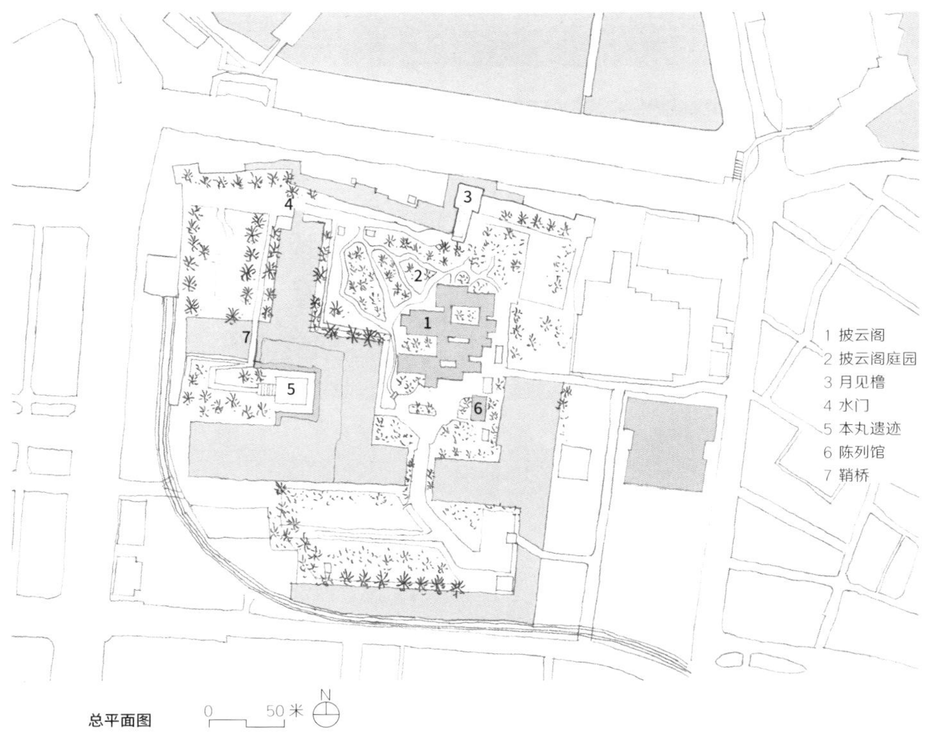

总平面图

鞘桥

披云阁庭园

月见橹

水门

披云阁室内

奥州松岛真景（歌川广重，19 世纪）

来源：歌川广重．诸国名所百景．日本国立国会图书馆电子文档．https://dl.ndl.go.jp/info:ndljp/pid/1307518

东北 Tōhoku

01 **中尊寺**
地址：岩手县西磐井郡平泉町平泉衣关 202

02 **毛越寺**
地址：岩手县西磐井郡平泉町平泉字大沢 58

03 **荣螺堂**
地址：福岛县会津若松市一箕町八幡弁天下 1404

04 **白水阿弥陀堂**
地址：福岛县磐城市内乡白水町广畑 221

05 **角馆**
地址：秋田县仙北市角馆

06 **金平成园**
地址：青森县黑石市大字内町 4

07 **瑞严寺**
地址：宫城县宫城郡松岛町松岛字町内 91

东北古园分布
底图来源：https://map.tianditu.gov.cn/2020/ 天地图 GS(2021)1487 号 - 甲测资字 1100471

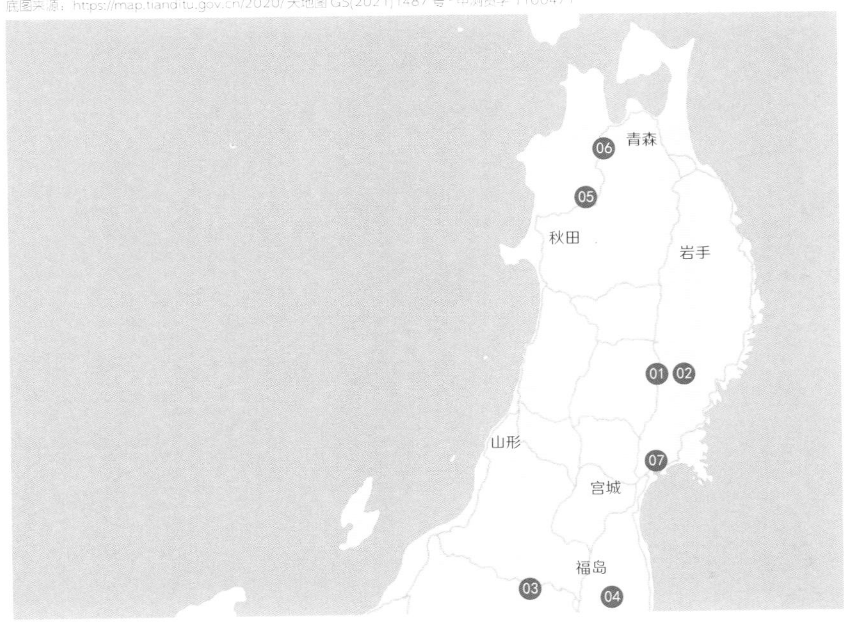

中尊寺 Chūsonji Temple

地址：岩手县西磐井郡平泉町平泉衣关 202

中尊寺由藤原清衡在天治元年（1124）建立，与毛越寺、观自在王院遗迹、无量光院遗迹和金鸡山共同组成了平泉净土佛国的世界文化遗产。

金色堂是寺院最初创建时的建筑，虽是3间规模的小堂，但因当地出产黄金，堂内外的所有构件包饰金箔，极尽奢华。镇守中尊寺的白山神社能舞台地势较高，可远眺周边山野风景，是东北地区少见的能舞台。

寺院中的大部分建筑都是后世重建或增建之物，整体保持着沿山分布的格局。从入口的月见坂开始，不同尺度的山地道路、平台与寺院建筑交相呼应，呈现出丰富而悠远的地方景致。

总平面图

平泉町风景

经藏

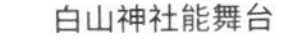

白山神社能舞台

真珠院庭园

旧覆堂

毛越寺 Mōtsūji Temple

地址：岩手县西磐井郡平泉町平泉字大沢 58

毛越寺创建于 850 年，在其发展鼎盛的平安时代，相传有堂塔 40 余栋，禅房 500 余栋，规模堪比同处平泉的中尊寺。庭园的水池以金堂为轴线，曾有木桥连接两岸，以体现净土教的世界观。寺院历经多次灾乱后几近全毁，现存除了后期重建的几座零星小建筑外，只有遗迹。所幸平安时代留下的建筑和庭园遗址尚完整可见，甚至还能看到当时举行曲水流觞宴的遣水布石。

漫步于寺中，凭林间散布的古迹仍可想象当年的盛景，空旷的庭园遗址与寺外的广袤田野共同组成静默、深沉的山水画卷。

总平面图

立石与大泉池

大泉池 1

金堂遗迹

大泉池 2

遣水

信州浅间山真景（歌川广重，19 世纪）

来源：歌川广重 . 诸国名所百景 . 日本国立国会图书馆电子文档 . https://dl.ndl.go.jp/info:ndljp/pid/1307518

中部 Chūbu

01 **善光寺**
地址：长野县长野市长野元善町 491

02 **吉岛家**
地址：岐阜县高山市大新町 1-51

03 **日下部民艺馆**
地址：岐阜县高山市大新町 1-52

04 **松本城**
地址：长野县松本市丸之内 4-1

05 **马笼宿**
地址：岐阜县中津川市马笼

06 **白川村**
地址：岐阜县大野郡白川村

07 **江川邸**
地址：静冈县伊豆之国市韮山 1

08 **兼六园**
地址：石川县金沢市兼六町 1

中部古园分布

底图来源：https://map.tianditu.gov.cn/2020/ 天地图 GS(2021)1487 号 - 甲测资字 1100471

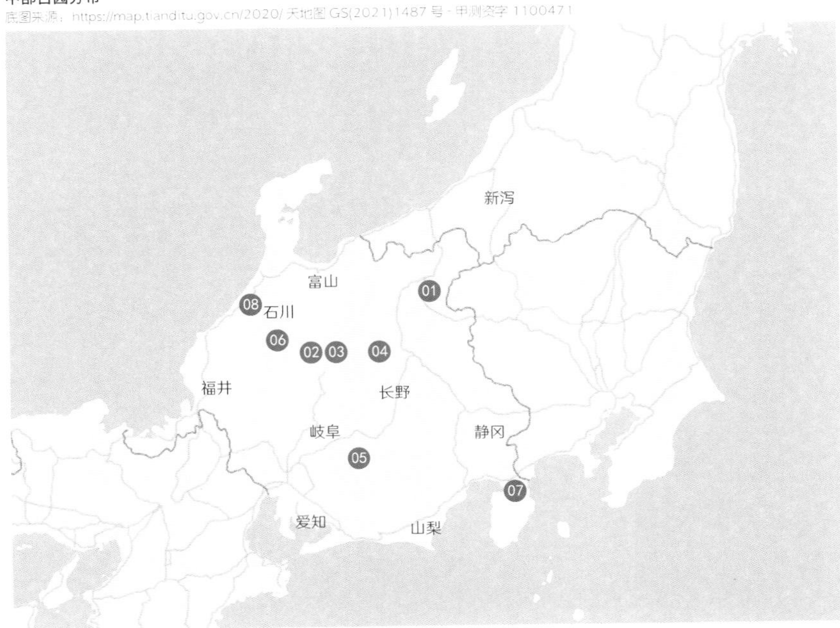

善光寺 Zenkōji Temple

地址：长野县长野市长野元善町 491

善光寺是日本著名的不属于任何宗派的佛寺。现存的本堂建于保永四年（1707），以山墙面朝向主要的参拜轴线——这种纵深型的佛堂在日本十分少见。本堂分为外阵、中阵、内阵三个部分，其中内阵放置本尊阿弥陀如来像的空间被称为“内之阵”。与一般寺院相比，善光寺对于民众参拜表现出更大的开放性，在这里，民众可以穿鞋参拜的区域不只有外阵，还包括部分中阵区域，因而广受欢迎。

善光寺位于长野市的核心街区，当地最重要的商业街就是沿着善光寺本堂的轴线逐渐发展形成的。对于长野而言，佛寺信仰已然与这座城市密不可分，无论在文化还是物质层面上，善光寺都是当地生活的重要组成部分。

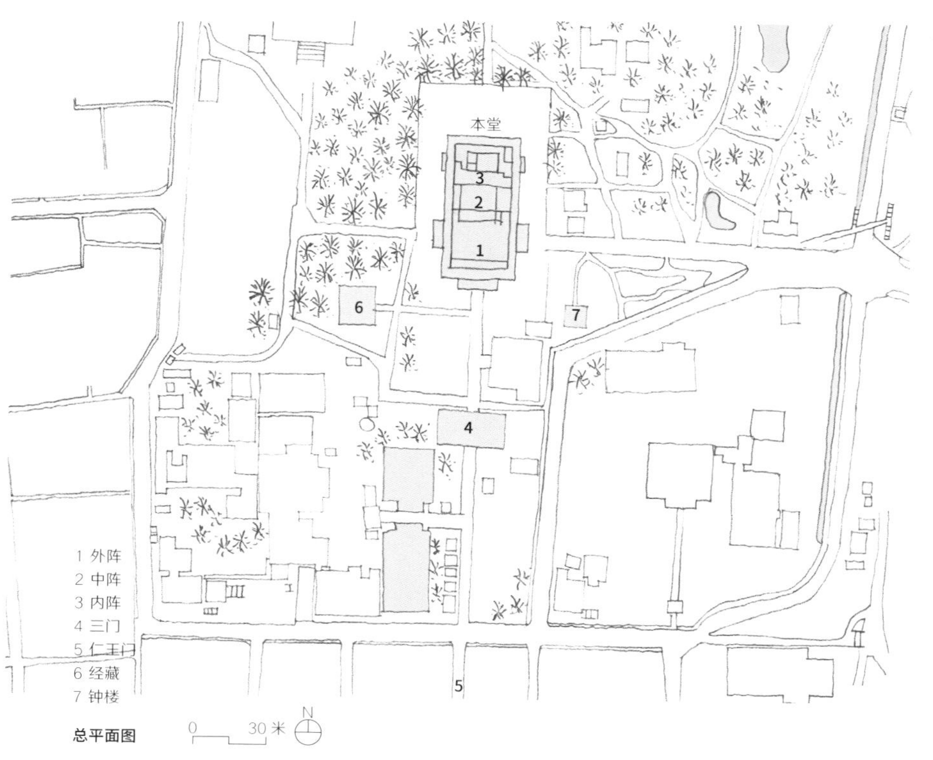

总平面图

本堂南立面

长野风景

从本堂室内看三门

长野街道轴线与仁王门

本堂

吉岛家 Yoshijima House

地址：岐阜县高山市大新町 1-51

吉岛家位于高山的城市街道中，曾是江户时代的富商宅邸，后毁于一场大火。现存建筑是明治四十年（1907）的重建之作。

日本历史上，高山是幕府直辖的天领之地，在江户时代商贸繁荣，以吉岛家、日下部家为代表的巨贾宅邸应运而生，在当时被视为财富和地位的象征。

吉岛家最有特点的空间是巨大的土间。高企的屋顶下，纵横交错的木结构屋架直接暴露在外，令巨大的室内空间更添深邃、浑厚之感。土间被零散的障子门、围炉里和木板地分隔为数个半围合的区域，但同时又兼具使用和流线上的连续性，可谓“隔而不绝”。

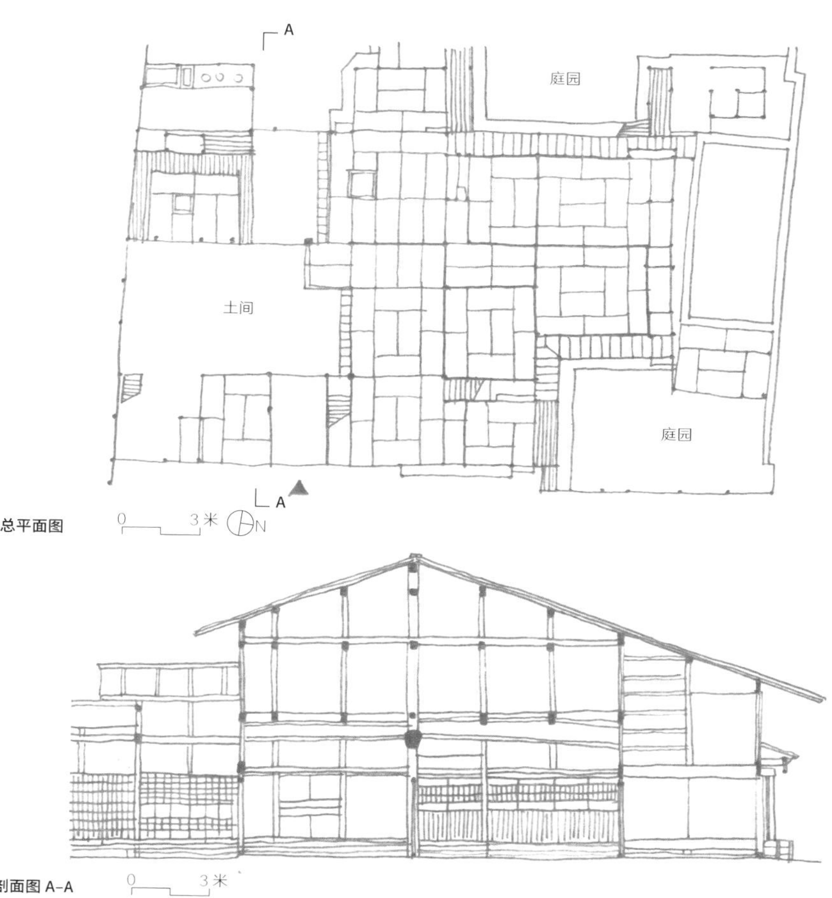

总平面图

剖面图 A-A

土间

室内障子门窗

沿街立面

日下部民艺馆 Kusakabe Folk Museum

地址：岐阜县高山市大新町 1-52

日下部民艺馆原为富商宅邸，建于明治十二年（1879），紧邻吉岛家，由当地著名的工匠设计建造，技术水平高超，现作为民艺馆向公众开放。

与吉岛家一样，日下部民艺馆也有一个超出日常尺度的巨大土间，但二者实际的空间形制有所不同：日下部民艺馆的土间是几乎没被分隔的完整空间，相对独立的围炉里与土间的边界也十分清晰，整个建筑内部具有简洁、雄壮的气质，而吉岛家的土间因被划分为若干个小空间，所以空间感十分暧昧。

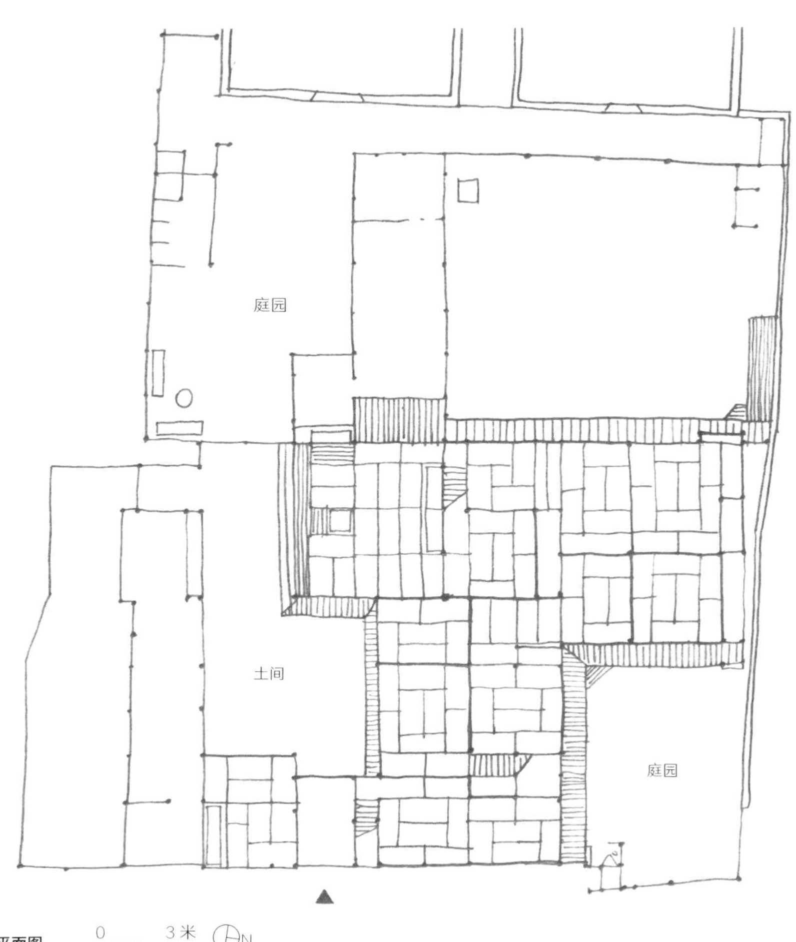

一层平面图

土间 1

土间 2

沿街入口

马笼宿 Magome Post Town

地址：岐阜县中津川市马笼

木曾是江户时代联系江户和京都中山道的第 43 号驿站区，而马笼宿是木曾最南端的聚落，往来旅人常常在此地住宿。

马笼宿坐落于山地陡坡上，地势险要，曾是当时浮世绘中的著名一景。与马笼宿相距不远的妻笼宿也有与其相似的风貌，二者如今都是日本重要的古村落遗存。

日本著名的近代诗人、小说家岛崎藤村（1872—1943）出身于马笼豪族，经常将马笼作为其文学创作的重要素材。他去世后，当地居民自发组织为其建造了纪念堂。

马笼街景 1

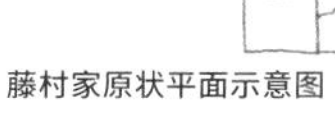

藤村家原状平面示意图

马笼街景 2

马笼街景 3

纪念堂庭园

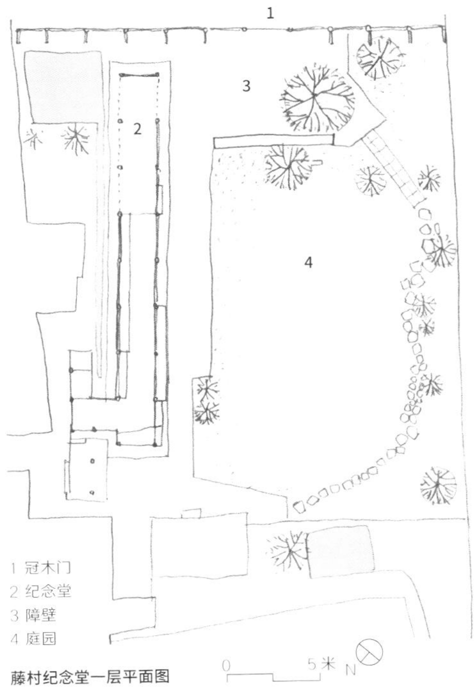

藤村纪念堂一层平面图

纪念堂入口

纪念堂庭园

纪念堂室内

岛崎藤村的文学与故乡

我写《家》的时候，是想借助盖房子的方法，用笔“建筑”起这部长篇小说来。对屋外发生的事情一概不写，一切只限于屋内的光景。写了厨房，写了大门，写了庭园，只有到了能够听见响声的屋子才写到河。

——岛崎藤村

岛崎藤村除了浪漫主义的诗歌，最有代表性的作品是其一系列具有自传性质的小说。江户时代，岛崎家族建立了作为中山道重要驿站的马笼宿。在小说《家》中，岛崎藤村以叙家常的平实方式，将家族与山村的历史娓娓道来：

“在几百年前，小泉家的祖先把这个山村开拓出来以建设家园。过去，这里只住着小泉家、批发商和山林主三户人家。把山谷变成耕地，把山坡开辟为村落，又为村落盖了寺庙和药师堂，这些都是按照祖先的设计建成的。可以说，一大半土地是属于小泉家的。把这些土地分给住户耕种，逐渐形成了山村。仓刚嫁过来的时候，常常看到有村上人上家里来，说：‘老爷，我要盖屋，能不能给我一点木料？’家里人回答：‘哎，拿去吧。’每年元旦，全村人会约好集合到小泉家的门前贺年，家里也会赏些年糕和酒饭。”

岛崎藤村生活在一个传统大家族制度遭受新思想冲击的时代，故乡并非是浪漫、超脱的，乡间的大家族更是如此。面对故乡，岛崎藤村的态度常常是批判性的，而家族的重负使得他对自由的追求也处处受限。在《家》中，主人公小泉三吉悲叹：“难道要我们一辈子这样做下去！像这样扶助我们的亲人到底是好事呢？还是坏事呢？我越来越弄不清楚了……我们和关在禁闭室里的小泉忠宽又有什么不同呢？不论走到哪里，不都在背负着一个老朽衰败的家吗？”

晚年，岛崎藤村以自己父亲的一生为原型，用一部《黎明前》（『夜明け前』）追述了家族的兴衰，并将家族的变迁延伸到日本近代发展史中。1947 年，由建筑师谷口吉郎设计的藤村纪念堂建成，将岛崎藤村的文学之魂寄托于营造出的简素、幽暗空间中。

岛崎藤村对故乡的感情是极其复杂的，在批判之余又满怀深情，山村宁静、朴素的自然生活曾在他的随笔《千曲川风情》中被反复描绘。他的父亲岛崎正树热衷于地方建设和教育事业。岛崎藤村受其父影响，曾在长野山中的小诸义塾教授多年英语，即使在东京居住了 50 年，也计划举家回乡，加入家乡的建设。马笼村头的石碑“此处往北，木曾路”就是当地乡绅邀请年届 68 岁的岛崎藤村题写的。

岛崎藤村对故乡的矛盾态度呈现出人性与土地间的复杂羁绊，如同藤村纪念堂的介绍词：“岛崎藤村的故乡，马笼。藤村文学的源泉。”

信州木曾之雪（歌川广重，19 世纪）

来源：歌川广重．诸国名所百景．日本国立国会图书馆电子文档．https://dl.ndl.go.jp/info:ndljp/pid/1307518

白川村 Shirakawa Village

地址：岐阜县大野郡白川村

岐阜县的白川村是日本世界文化遗产合掌造聚落的组成部分，严酷、独特的气候和地理条件造就了这里独特的建筑文化。

当地传统的建筑结构样式是合掌造，涵盖了住宅、仓库、寺院等几乎所有的建筑类型。巨大、陡峭的坡屋顶既可有效抵御暴雪灾害，其内部空间还可用于养蚕和储藏农具。白川村的建筑一般为东西朝向，在此地理环境中可以保证巨大的茅草屋顶获得更多日照，利于其上积雪的融化。合掌造建筑是人类与自然和谐共处的生动案例。

山景

乡村街景

白川乡住宅典型剖面图（旧大户家）

合掌造屋顶内空间

江川邸 Egawa House

地址：静冈县伊豆之国市韮山 1

武士住宅江川邸建造于 17 世纪，位于伊豆半岛的乡间。天气晴朗时，在江川邸庭园中可以远眺富士山。

江川邸的庭园十分简朴。主屋位于庭园的中间，规模是 13 间 ×10 间。巨大土间中挺立的两根立柱让人充分感受到传统民居的结构力度。建筑师白井晟一在《绳文之物》（『縄文的なるもの』）一书中赞美江川邸是："屹立于大地间的巨木群，与洪水、大雪搏斗的架构，产生了洞窟般的豪壮空间……这远非文化的优美，而是强烈表达了生活的原始性力量……升华出人类和时代精神的普遍先验性和永恒的价值，超越了个体和时间。"

土间

总平面图

土间木结构

入口

兼六园 Kenrokuen Garden

地址：石川县金沢市兼六町 1

延宝四年（1676）建成的兼六园是日本三大名园之一，曾经作为地方藩主的庭园，其名取自《洛阳名园记·湖园》——“园圃之胜不能相兼者六，务宏大者少幽邃，人力胜者少苍古，多水泉者艰眺望。”

兼六园所在的金沢城位于城市高地上，直观地体现了日本古代城市不同阶层的空间分布特征：藩主居住于象征权力的高台上，市民居住的城下町可被高台上的统治者环视。这种城市空间结构赋予了兼六园宏大的风景视野。该庭园依山就势，水流和植物随着台地起伏，曲折尽致。

除了丰富的造景，兼六园中还有一座重要的建筑“成巽阁”——数寄屋风格的书院造建筑，建于 1863 年，其内的“群青之间”和“书见之间”色彩艳丽，不同于传统日本建筑朴素的室内色彩。飞鹤庭中的水景与建筑交织在一起，是日本近代庭园的代表作。

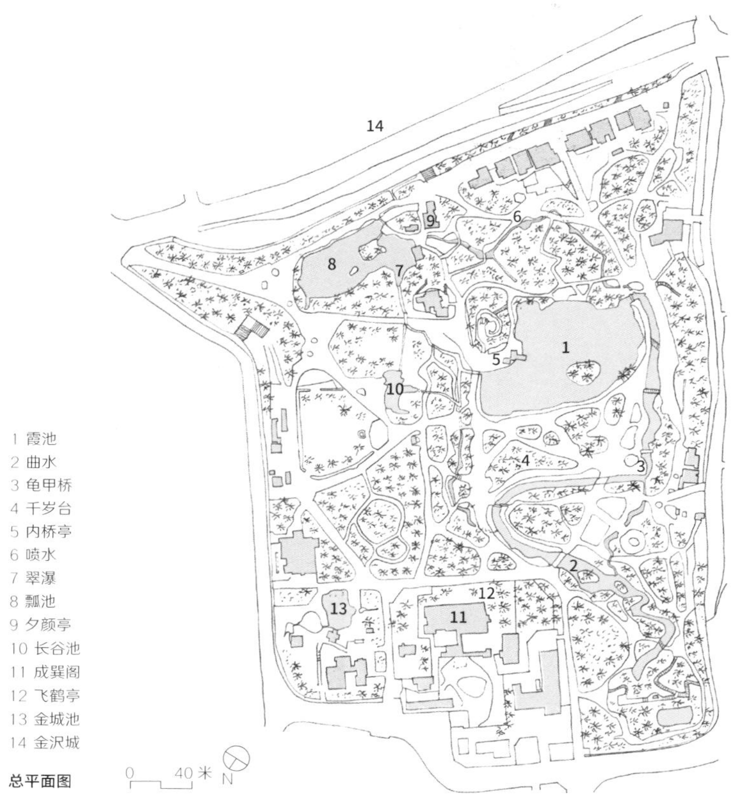

总平面图

霞池 1

霞池 2

瓢池

成巽阁二层眺望之图（佚名，1863）
来源：成巽閣．成巽閣．金沢：成巽閣，2015.

武州横浜岩亀楼（歌川广重，19 世纪）

来源：歌川广重．诸国名所百景．日本国立国会图书馆电子文档．https://dl.ndl.go.jp/info:ndljp/pid/1307518

关东 Kanto

01 **建长寺**
地址：神奈川县镰仓市山之内 8

02 **圆觉寺**
地址：神奈川县镰仓市山之内 409

03 **瑞泉寺**
地址：神奈川县镰仓市二阶堂 710

04 **称名寺**
地址：神奈川县横浜市金沢区金沢町 212-1

05 **三溪园**
地址：神奈川县横浜市中区本牧三之谷 58-1

06 **日光东照宫**
地址：栃木县日光市山内 2301

07 **日光二荒山神社**
地址：栃木县日光市山内 2307

08 **轮王寺**
地址：栃木县日光市山内 2300

09 **偕乐园**
地址：茨城县水户市见川

关东古园分布
底图来源：https://map.tianditu.gov.cn/2020/ 天地图 GS(2021)1487 号 - 甲测资字 1100471

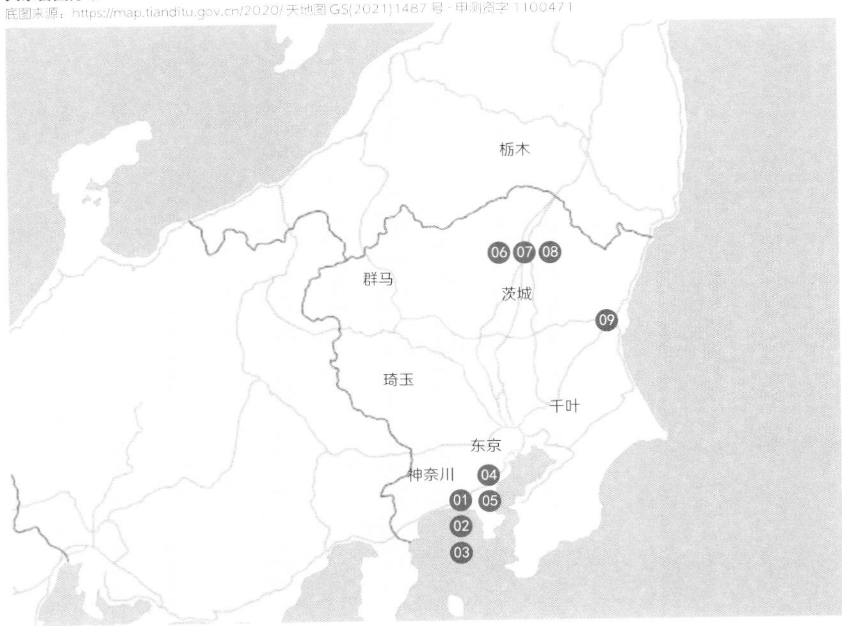

建长寺 Kenchōji Temple

地址：神奈川县镰仓市山之内 8

建长寺创建于 1253 年，由镰仓时代的将军北条时赖创立，本尊为地藏菩萨，位居“镰仓五山”之首。建长寺的开山住持是从南宋渡日传法的兰溪道隆，他不满当时日本的禅宗现状，大力弘扬、推行南宋严格的“纯粹禅”。

相较京都较为平坦的盆地地势，地处丘陵地带的镰仓寺院没有大面积的规整用地，只能依山就势布置建筑，佛寺布局大多是狭长纵深式的。建长寺中的建筑大多在历次地震和火灾中损毁，现存较为古老的建筑多从其他地区移建而来，但三门、佛殿、法堂、唐门和方丈的整体布局仍旧保留了最初建立时的格局。方丈的庭园相传由梦窗疏石营造。沿着山路进入后山，可达建长寺最高处的半僧坊，在这里可以远眺富士山和镰仓山水。

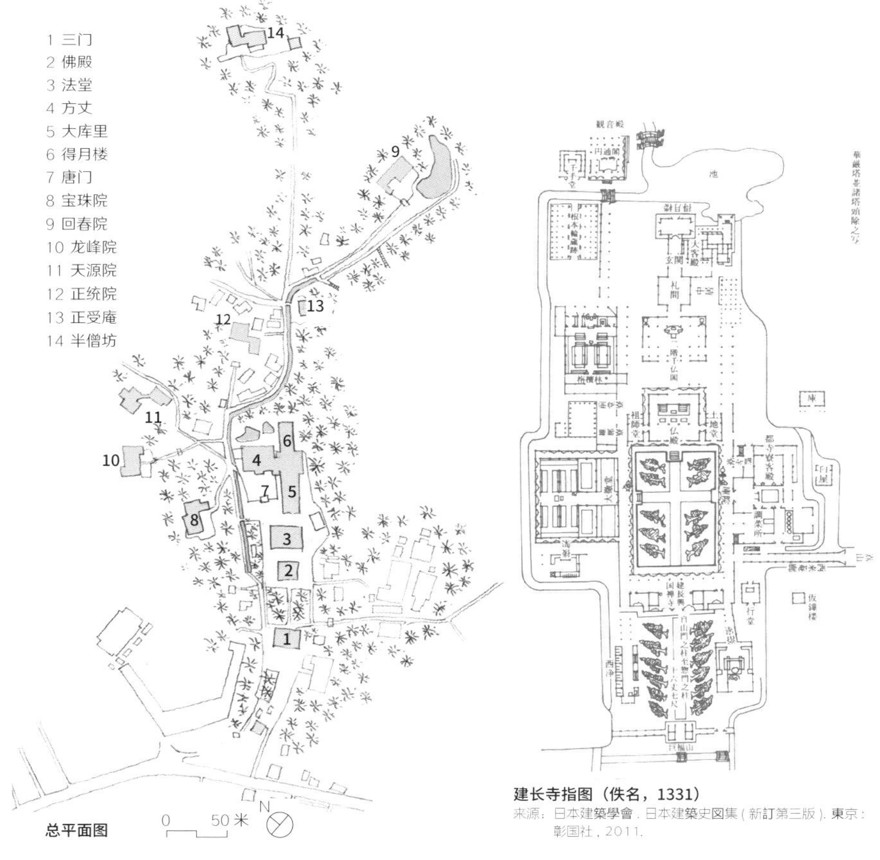

总平面图

建长寺指图（佚名，1331）

来源：日本建築學會．日本建築史図集（新訂第三版）．東京：彰国社，2011．

佛殿

三门

佛殿室内

从半僧坊远眺富士山

瑞泉寺 Zuisenji Temple　地址：神奈川县镰仓市二阶堂 710

瑞泉寺建立于嘉历二年（1327），为“关东十刹”之一。由于四周山野间的红叶有如锦屏，因此瑞泉寺的山号为“锦屏山”。与自然山岩紧密结合的寺中庭园由临济宗的高僧梦窓疎石设计，是日本著名的禅宗庭园之一。

现存瑞泉寺规模不大，方丈石庭的尺度也十分紧凑，有种小中见大之感。在繁盛山林的掩蔽下，庭园藏于寺院深处。

方丈石庭

入口石阶

方丈石庭

总平面图

称名寺 Shomyoji Temple

地址：神奈川县横浜市金沢区金沢町 212-1

称名寺最初由镰仓时代的北条实时建立，山号“金沢山”。寺院以阿字池为中心，中之岛、反桥、平桥和金堂组成纪念性的轴线，是典型的净土式佛寺构图。

历史上，称名寺屡遭破坏，现存建筑为江户时代的遗构。“金沢八景”之一的称名晚钟就是以该寺为核心的地方风景，曾作为浮世绘的重要题材被歌川广重等人反复描绘。

阿字池

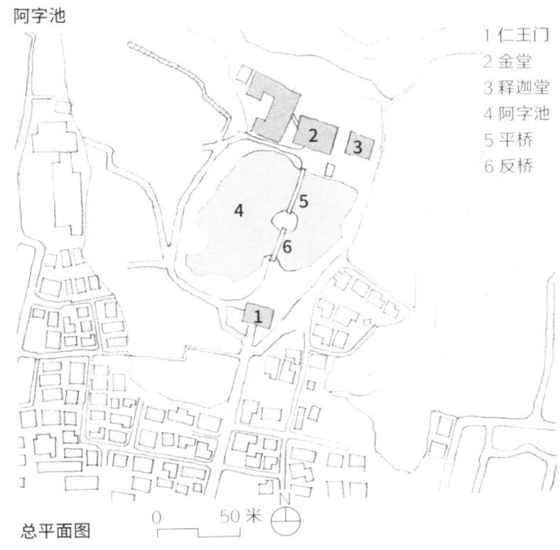

总平面图

从反桥看金堂

反桥

三溪园 Sankeien Garden

地址：神奈川县横滨市中区本牧三之谷 58-1

三溪园破土动工于明治三十五年（1902），由日本企业家原三溪出资修建，1906 年向公众开放。园中重要的古建筑是从多地移建而来：标志性的三重塔来自灯明寺（京都），临春阁曾是纪州德川家住宅（建造于 17 世纪），听秋阁据称曾作为京都二条城内的茶室（建造于 1623 年）。

传统木构的建造方式方便建筑根据需求进行迁建，而在新的场所之中仍要让人感受到庭园与建筑间的相得益彰却非易事。入口边潺潺的溪水，透过二层窗户可眺望园内风景的三重塔，有着不规则转角的建筑与溪水形态的对应关系……三溪园中的建筑似乎就是为眼前的景致而生，而庭园之美在建筑的映衬下也更加真切可感。

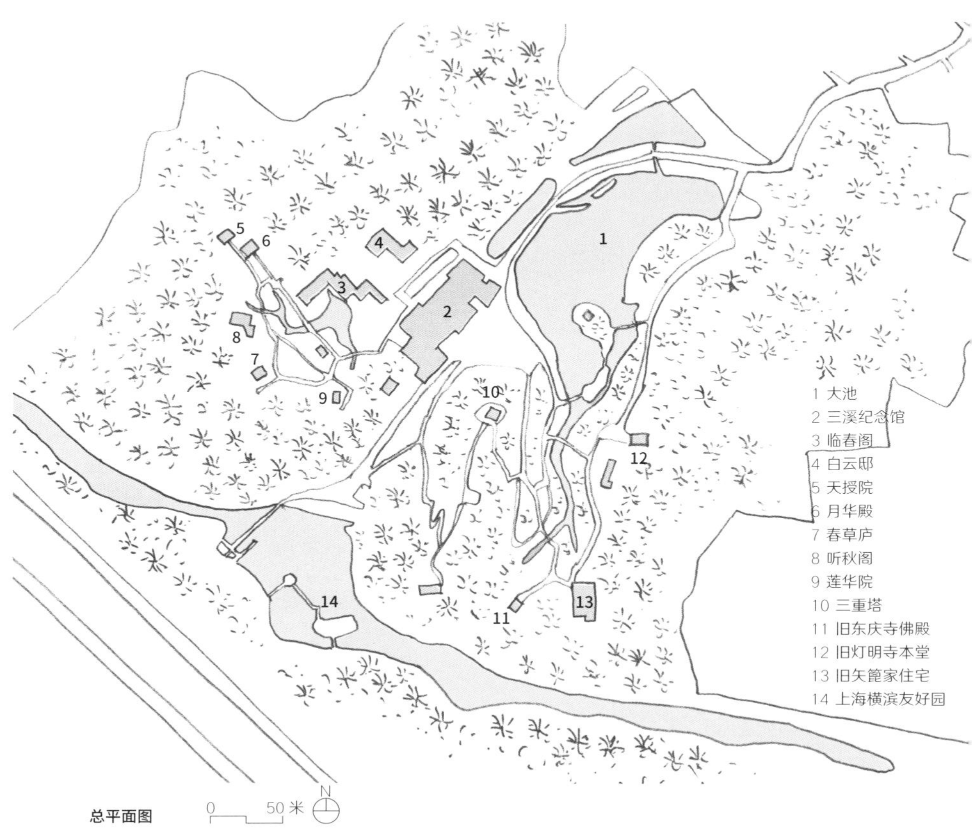

总平面图

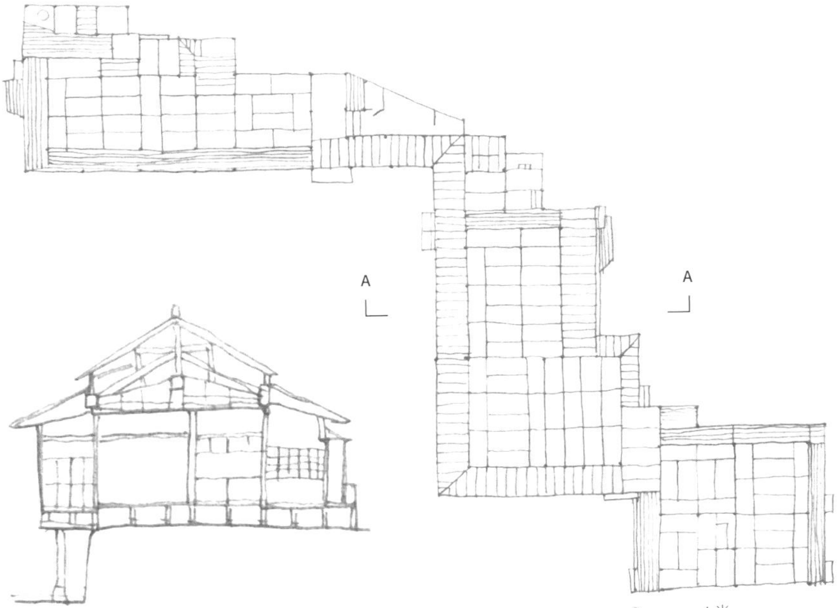

A

A

临春阁剖面图 A-A

0 2米

临春阁一层平面图

0 4米

临春阁

三重塔与大池

上海横滨友好园

临春阁庭园 1

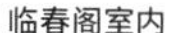

临春阁室内

临春阁庭园 2

听秋阁室内 1

听秋阁室内 2

听秋阁

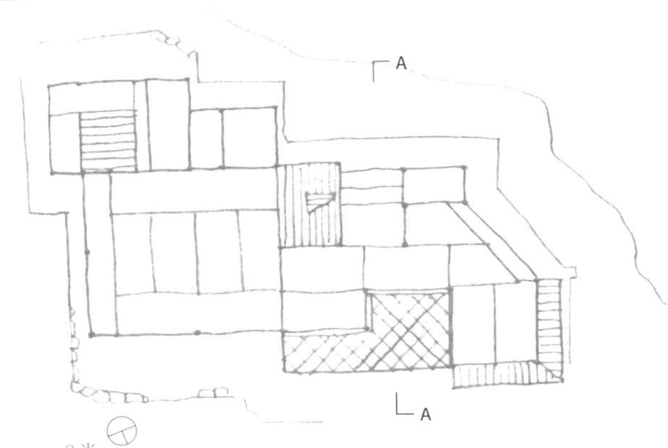

听秋阁一层平面图

听秋阁剖面图 A-A

日本桥雪晴（歌川广重，19 世纪）

来源：歌川广重．名所江户百景．日本国立国会图书馆电子文档．https://dl.ndl.go.jp/info:ndljp/pid/1303205

东京 Tokyo

01 **皇居外苑**
地址：东京都千代田区皇居外苑 1-1

02 **旧古河庭园**
地址：东京都北区西原 1-27-39

03 **六义园**
地址：东京都文京区本驹込 6-16-3

04 **新宿御苑**
地址：东京都新宿区内藤町 11

05 **小石川后乐园**
地址：东京都文京区后乐 1-6-6

06 **滨离宫恩赐庭园**
地址：东京都中央区浜离宫庭园 1-11

07 **向岛百花园**
地址：东京都墨田区东向岛 3-18-3

08 **清澄庭园**
地址：东京都江东区清澄 3-3-9

09 **上野公园**
地址：东京都千代田区皇居外苑 1-1

东京古园分布

底图来源：https://map.tianditu.gov.cn/2020/ 天地图 GS(2021)1487 号 - 甲测资字 1100471

小石川后乐园 Koishikawa Korakuen Garden

地址：东京都文京区后乐 1-6-6

小石川后乐园是江户时代回游式庭园的典型代表，建于宽永六年（1629）。“后乐园”之名取自《岳阳楼记》的名句：“先天下之忧而忧，后天下之乐而乐。”

围绕着中央的大泉水，后乐园的造景分为海之景、川之景、山之景和田园景四部分，模仿了中国和日本的多个自然景观，其中最有代表性的是模仿杭州的西湖长堤。模仿他乡文化地景是营造日本回游式庭园的常见手法。

后乐园地处东京繁华地段。在内庭区域，透过树林，人们可以轻松看到东京穹顶的白色膜结构屋顶，城市现代异质场景和传统庭园景象直接碰撞在一起的视觉感受非常奇特。

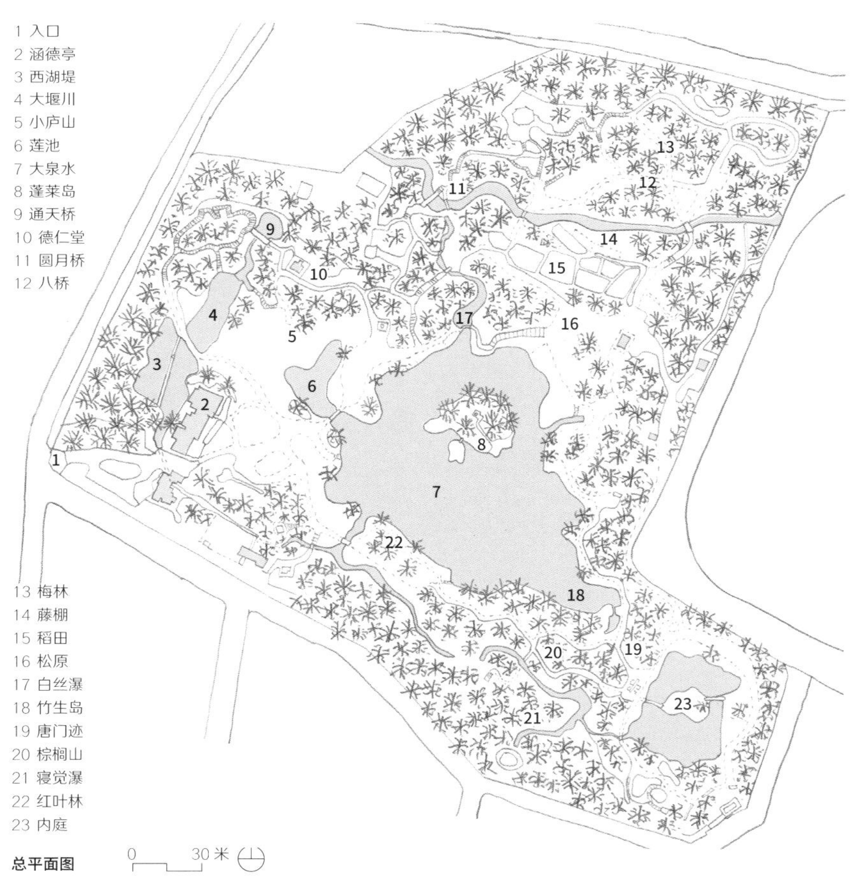

总平面图

蓬莱岛

藤棚

圆月桥

大堰川

内庭

西湖堤

六义园 Rikugien Garden

地址：东京都文京区本驹込 6-16-3

六义园建于江户时代，其名取自《古今和歌集》中表示和歌六种基调的“六义”。六义园初建时曾有八十八处胜景，现存三十三处。

六义园的杜鹃茶屋是园内极少数从明治时代保存至今的建筑。由不平整的杜鹃枝干互相搭接形成亭子，营造出一种不平衡的轻盈感。和其他江户大名庭园一样，六义园中也有大泉水、蓬莱山岛等标准化的造景。

总平面图

大泉水

千鸟桥

水岸

从藤代峠看大泉水

杜鹃茶屋

新宿御苑 Shinjuku Gyoen National Garden

地址：东京都新宿区内藤町 11

新宿御苑建于 1879 年，最初是日本皇室的植物园；第二次世界大战后，作为城市公园对公众开放。整个新宿御苑占地约 58 公顷，分为日式庭园、英式庭园、法式庭园三部分。

新宿御苑内开阔的景观以新宿高密度的建筑为背景。这里的植被物种丰富，还建有温室植物园，是东京少有可进行自然科普教育和研究的场所。

日式庭园 1

总平面图

日式庭园 2

英式庭园

清澄庭园 Kiyosumi Garden

地址：东京都江东区清澄 3-3-9

清澄庭园由日本企业家岩崎弥太郎营造，是明治时代的代表性庭园，典型的回游式布局，其游览路径以大泉水为中心，并串联起池中的岛屿。

该庭园引隅田川之水造景，步道与水为邻，凉亭散布其中，时而石阶，时而汀步，富于变化。丰富多变的路径使其成为回游式庭园中的翘楚。

大泉水

水岸 1

水岸 2

总平面图

北海道 Hokkaidō
九州岛 Kyushu
冲绳 Okinawa

01 **香雪园**
地址：北海道函馆市见晴町 56

02 **水前寺成趣园**
地址： 熊本县熊本市中央区水前寺公园 8-1

03 **仙严园**
地址：鹿儿岛县鹿儿岛市吉野町 9700-1

04 **玉陵**
地址：冲绳县那霸市首里金城町 1-3

05 **识名园**
地址： 冲绳县那霸市真地 421-7

06 **首里城**
地址： 冲绳县那霸市首里金城町 1-2

07 **宫良殿内**
地址：冲绳县石垣市大川 178

北海道·九州岛·冲绳古园分布
底图来源：https://map.tianditu.gov.cn/2020/ 天地图 GS(2021)1487 号 - 甲测资字 1100471

附录

年代

绳文时代：约公元前 10000—前 200 年

弥生时代：约公元前 200—250 年

古坟时代：250—552 年

飞鸟时代：552—710 年

奈良时代：710—784 年

平安时代：784—1185 年

镰仓时代：1185—1338 年

室町时代：1338—1573 年

安土桃山时代：1573—1600 年

江户时代：1600—1868 年

明治时代：1868—1912 年

大正时代：1912—1926 年

昭和时代：1926—1989 年

平成时代：1989—2019 年

令和时代：2019 年至今

参考文献：Kazuo Nishi, Kazuo Hozumi. What is Japanese Architecture？. New York: Kodansha USA Inc, 1985.

B

白井晟一　1905—1983年，日本建筑师，曾在德国学习哲学，以独特的方式理解日本的建筑传统和创作。

比叡山　位于大津市西部和京都市东北部之间，又称“天台山”。僧人最澄（766—822）在这里建立延历寺，开创日本的天台宗。

表屋造　常见于京都的一种町家。一般沿街建筑为店铺，居住部分另设，二者中间设置庭园。

C

曹洞宗　佛教禅宗南宗五家之一，继承了慧能南宗禅的脉络，由洞山良介创立，并由曹山本介弘扬。在镰仓时代，道元禅师把曹洞宗引入日本。

侘寂（わび さび）　日本传统文学与茶道中的重要美学观念，如今也用于日常生活的审美，常与“物哀”一起使用。“侘”与“寂”原本是两个不同的概念：“侘”指“虽然粗贫，但内心充足”，“寂”指“在闲寂中感受到的丰富性”。在现代日语中，常常将二者合成为一个词，意指“平淡简朴中的丰富感受”。

禅宗　中国的大乘佛教之一，以达摩为祖师。五祖弘忍之后，禅宗分为北宗和南宗，北宗强调“渐悟”，南宗强调“顿悟”。

禅宗样　镰仓时期传入日本的建筑样式，主要传播者是僧人荣西。这种样式的特征是木料纤细、屋顶曲线强烈、斗栱密集。现存的早期禅宗样建筑包括功山寺佛殿、永保寺开山堂和观音堂、圆觉寺舍利殿等。

城郭　以桃山时代各地诸侯为主兴建的城堡建筑。城郭外环护城河，并建有多重城墙。城内一般分为本丸、二丸、三丸等部分，多层的天守阁建于本丸内。

城下町　城郭的外郭街区。因为日本多山，城郭选址一般在城市高地，而庶民居住的城下町大多地势较低。随着日本古代商业的繁荣发展，城下町中聚集了大量作坊、集市等空间。

池田光政　1609—1682年，日本冈山藩主，大力推行儒家思想。

虫笼窗　日本町家建筑二层常见的窗户样式，尺寸较小，以竖向格栅为主。

床之间　日本传统住宅中特定的壁龛空间。日文中“床”是“地板”的意思，由床柱、床框、台面等组成，并布置字画挂轴、插花等饰品。

长谷川等伯　1539—1610年，日本桃山时代画家。绘画风格多样，既有华丽、绚烂的作品，也有清简、淡雅的水墨画作。

重源　1121—1206年，日本僧人，号“俊乘房”。重源曾三次访宋，学习佛法和建筑技术，之后组织了东大寺的重建工作，兵库的净土寺净土堂也是由他营造。

D

大佛样　日本传统佛寺建筑中的一种木结构样式，又称“天竺样”。重源在重建的东大寺中采用。

大仓喜八郎 1837—1928 年，日本商人，大仓财团的创始人。

大名 日本古代拥有大量领地和家臣的封建领主，江户时代则称其为“藩主”。

丹下健三 1913—2005 年，日本建筑师，东京大学教授，曾出版研究日本传统建筑的专著《桂：KATSURA 日本建筑的传统与创造》（『桂 KATSURA 日本建築における伝統と創造』）和《伊势：日本建筑的原形》（『伊勢 日本建築の原形』）。

德川家康 1543—1616 年，日本战国时代大名，江户时代的开创者，任德川幕府第一代将军。

畳 日本传统的面积计量单位，指一个榻榻米的大小，约为 1.62 平方米。

F

法相宗 中国佛教宗派之一，继承了印度唯识派思想，由玄奘创立。之后，由道昭传至日本，代表寺院有药师寺和兴福寺。

方丈 日本佛寺建筑之一，最初指“方丈大小的草庵构筑物”，后发展为供寺院住持居住的建筑，也有将其作为佛寺本堂的案例。

飞鸟样式 飞鸟时代的日本佛教建筑样式，特征为梭柱、云形斗栱等，代表建筑为法隆寺西院伽蓝的金堂、中门、五重塔。

废佛毁释 明治维新时期，日本政府打压佛教的运动。为了尊崇神道，巩固皇权，日本政府颁发“神佛分离”令，使得佛教遭到严重排挤，大量佛寺被毁。

丰臣秀吉 1537—1598 年，日本战国时代、安土桃山时代的著名武将、政治家，曾统一日本，后被德川家康打败。

G

歌川广重 1797—1858 年，江户时代的浮世绘画家，又名“安藤广重”，以浮世绘的风景画著称。

关野贞 1868—1935 年，日本建筑史学家，东京大学教授。

H

海鼠壁 日本传统的外墙样式，常用于土藏（仓库）建筑，由平瓦斜向贴在外墙上，有较好的防潮和防火功能。

合掌造 日本传统住宅的样式之一，以巨大的坡屋顶著称，坡度一般在 45°～60°，能有效防止其上的积雪过厚。合掌造屋顶使用叉手结构，其高大的内部空间常用于农家养蚕和储藏农具。

和样 与镰仓时代传入日本的建筑样式相区分，主要以平安时代以前的建筑样式为主。

华严宗 中国大乘佛教宗派之一，以《华严经》为经典。日本的华严宗由审祥传入，东大寺是其代表寺院。

桓武天皇	737—806 年，日本第 50 代天皇，推动从平成京到长冈京，再到平安京（京都）的迁都进程，奠定了京都的最初城市格局。
回游式庭园	日本庭园样式之一，以江户时代的庭园作品为主。常见的形式是池泉回游式庭园，即以中间的大水池为中心，周围布置游道和赏景茶亭等建筑。
火灯窗	又称“花头窗”，是日本古建筑中窗户的重要样式之一。最初主要用于日本禅宗建筑中，其上部有火焰状的曲线，之后普及，应用于住宅、神社
I	
躙口	日本草庵茶室特有的入口，尺寸大约 60 厘米 ×60 厘米，人需躬身低头进入茶室。
J	
矶崎新	1931—今，日本后现代主义时期的代表建筑师，创作方法多样。
吉田五十八	1894—1974 年，日本建筑师，以现代数寄屋样式的作品著称。
借景	源自中国的庭园造景手法，借用园内或园外更远处的景色，以营造体验的丰富性。
净土宗	日本的净土宗由法然在镰仓时代建立，以专心念佛为主要教旨，现存建筑如平等院等佛寺。
K	
空海	774—835 年，平安时代的僧人，曾前往中国学习，是日本真言宗的开创者。
枯山水庭园	以沙砾、岩石表现自然的山水，是日本禅宗庭园的常见形式。
L	
兰溪道隆	1213—1278 年，生于四川，后东渡日本传播禅宗的僧人。
里千家	千利休家族传承的茶道流派分为里千家、表千家和武者小路千家三大宗派。
临济宗	禅宗宗派之一，由荣西从中国传入日本。自镰仓时代始，临济宗与幕府政权关系紧密，京都和镰仓的五山都属于临济宗。
律宗	研究和实践戒律的佛教宗派，由鉴真传入日本。唐招提寺是律宗的总本山。
M	
门迹	日本寺院别称，特指皇室或贵族出家后所在的寺院。
梦窗疏石	1275—1351 年，日本临济宗僧人，被奉为国师。相传天龙寺和西芳寺的庭园其作品。
明治维新	19 世纪后半叶，明治天皇在地方势力的支持下，推翻德川幕府，建立明治政府，开启政治、经济、文化等层面现代改革的运动。

幕府 日本的幕府开始于镰仓时代。源赖朝建立武家政权，其管理机构被称为“幕府”。从江户时代开始，“幕府”一词多指代相关的朝代，如镰仓幕府、室町幕府。

N

能剧 日本的传统戏剧，其表现形式十分抽象，与狂言统称为“能乐”。

能舞台 专门表演能剧和狂言的舞台。有些古代的能舞台设置于室外。

O

奥院 寺院中比本堂更隐秘的佛堂区域，内部大多安置密佛和开山祖师像。

P

蓬莱山 中国道教神话中的仙山，也是日本庭园造景的常用主题，在枯山水和回游式庭园中都有使用。

琵琶湖 日本最大的内陆淡水湖，位于滋贺县，邻近京都、奈良和名古屋。

平安京 京都的古称，由桓武天皇在 794 年建立的日本首都，一直延续到 1868 年。

Q

绮丽寂（きれい さび） 与侘寂相反，更注重华丽的审美，也是日本的传统审美观念之一。小堀远州的茶室常作为绮丽寂的代表。

祇园 京都东山区的重要商业街道，以歌舞伎表演和祇园祭典著称。

寝殿造 日本平安时代的贵族住宅样式，以举行各种仪式的寝殿为中心，周围布置各种连廊和建筑，南侧布置庭园。

曲水流觞 日本平安时代流行的庭园造景之一，源自中国的曲水流觞，其设计手法一直延续到江户时代。冈山后乐园的流店是其典型案例。

R

荣西 1141—1215 年，日本临济宗的开创者，京都建仁寺的建立者。

S

山上宗二 1544—1590 年，千利休的弟子，其著作《山上宗二记》（『山上宗二記』）是当时重要的茶道艺术记录。

圣德太子 574—622 年，飞鸟时代的皇族、政治家，通过派出遣隋使从中国引进佛教和以天皇为核心的中央集权制度。

石川丈山 1583—1672 年，武将、文人，是江户初期儒学的代表人物，精通书法、茶道和造园。

式年造替 日本神社建筑中，部分建筑在一定年限后被重新建造的制度。其中最有名的案例是伊势神宫每隔 20 年的重建。

书院造　　室町时代开始出现的住宅样式，以书院客厅为核心，床之间、几案等装饰是其标准配置。在德川幕府，书院造成为武士等统治阶级的基本住宅形式。园城寺光净院是现存的早期书院造住宅代表。

数寄屋　　两种含义：① 独立的茶室，② 采用茶室建造手法的建筑样式，广泛用于住宅、旅馆和餐厅等类型的建筑中。

松尾芭蕉　　1644—1694 年，日本俳人，以简约的俳句著称，代表作是 1648 年的《奥之细道》（『おくのほそ道』）。

T

町家　　日本典型的街道住宅，通常为商人或工匠的住宅，以前店后宅的格局为主。京都的町家最有代表性。

塔头　　禅宗寺院中，弟子为纪念高僧而修建的墓塔。后泛指纪念高僧的小院和建筑，也不限定于禅宗。

榻榻米　　日本用于室内供人坐卧的草席类制品。一块榻榻米的基本尺寸约 0.9 米 ×1.8 米。各地的尺寸有微差。

太田博太郎　　1912—2007 年，日本建筑史学家，以寺院建筑和民家研究著称。

天领　　江户时代幕府的直辖领地，多是商业、矿产、港湾重镇。

天台宗　　发源于中国的大乘佛教宗派，以《妙法莲花经》为主要佛经。由日本僧人最澄传入日本。

土藏　　日本的传统建筑样式，以土墙为主，墙体厚实，常作为储存米、酒等商品的仓库。

土间　　日本传统住宅中不铺设木地板、直接裸露泥地的区域，可穿鞋进入，常用作商铺买卖、农宅处理农作物和烹饪的空间。

W

围炉里　　日本传统住宅内部的火炉区域。火炉挂于从房顶下吊的自在钩（铁钩）上，主要用于取暖和煮饭。

五山　　在镰仓时代，幕府模仿中国建立“五山十刹”制度，以规定镰仓和京都最高等级的禅寺。

武野绍鸥　　1502—1555 年，战国时期的重要商人，茶人，千利休的师父。

X

仙崖义梵　　1750—1837 年，临济宗僧人，画家，以独特的水墨画而闻名。

小川治兵卫　　1860—1933 年，明治时代的重要造园家，平安神宫、无邻庵、圆山公园等庭园都是其作品。

小津安二郎　　1903—1963 年，日本导演，以低角度摄影表现日常家庭生活的场景而闻名。

小堀远州	1579—1647 年，江户时代的贵族，以茶道和茶室设计著称。
篠原一男	1925—2006 年，日本建筑师，创作早期主要研究日本传统住宅与文化，并完成博士论文《日本建筑的空间构成研究》（『日本建築の空間構成の研究』），出版相关著作《住宅论》（『住宅論』）。
悬造	山坡或水边悬空建筑的基础结构形式，以多根柱子支撑主体，常见于日本山地佛寺建筑中。
雪舟	1420—1502 年，日本室町时代的著名画家，僧人，曾前往中国学习水墨画。
Y	
《源氏物语》	日本平安时代女作家紫式部创作的长篇小说，描述了源氏的生活和爱情经历，是日本物哀美学的代表。
岩崎弥太郎	1835—1885 年，日本企业家，三菱财团的创始者。
一休宗纯	1394—1481 年，日本临济宗僧人，著名的诗人、画家。
伊东忠太	1867—1954 年，日本建筑师，建筑历史学家。
原三溪	1868—1939 年，本名“原富太郎”，号“三溪”，日本企业家，艺术收藏家。
缘侧	传统住宅中与室内地面连接的半室外木板走廊，是外部庭园与室内空间的重要过渡空间。
Z	
障壁画	日本传统建筑室内的装饰绘画，常绘制于障子上，最早出现于寝殿造和书院造的住宅中，之后在各类日本传统建筑广泛使用。
障子	日本传统住宅的门、窗或隔板，其构造是以和纸黏附在木质格栅上。
真言宗	空海法师在中国跟随高僧惠果学习密宗后，回日本创立的大乘佛教宗派。东寺为真言宗的总本山。
织田信长	1534—1582 年，日本战国时的大名，与丰臣秀吉、德川家康同为该时代的“三英杰”，后在“本能寺之变”中自杀。
重森三玲	1896—1975 年，日本现代造园家，其庭园设计融合了传统样式和现代主义的审美。

参考文献

[1] 冈仓天心 . 茶之书 . 蔡敦达 , 译 . 济南 : 山东画报出版社 , 2010.

[2] 伊東忠太 . 伊東忠太著作集 . 東京 : 原書房 , 1982.

[3] 关野贞 . 日本建筑史精要 . 路秉杰 , 译 . 上海 : 同济大学出版社 , 2012.

[4] 伊藤ていじ . 中世住居史—封建住居の成立 . 東京 : 東京大学出版会 , 1958.

[5] 伊藤ていじ . 民家は生きてきた . 東京 : 美術出版社 , 1963.

[6] 太田博太郎 . 図説日本住宅史 . 東京 : 彰国社 , 1971.

[7] 太田博太郎 . 日本建筑史序説 . 路秉杰 , 包慕萍 , 译 . 上海 : 同济大学出版社 , 2016.

[8] 森蘊 . 日本の庭園 . 東京 : 集英社 , 1974.

[9] 中村昌生 , 西澤文隆 . 日本庭園集成 . 東京 : 小学館 , 1985.

[10] 井上靖 . 日本の庭園美 . 東京 : 集英社 , 1989.

[11]「実測図」集刊行委員会 . 建築と庭　西澤文隆「実測図」. 東京 : 建築資料研究社 , 1997.

[12] 井上章一 . つくられた桂離宮神話 . 東京 : 講談社 , 1997.

[13] ギャラリー間 . 建築 MAP 京都 mini. 東京 : TOTO 出版 , 2004.

[14] 野村勘治 . 京の庭の巨匠たち 3 小堀遠州 . 京都 : 京都通信社 , 2008.

[15] 日本建築學會 . 日本建築史図集 (新訂第三版). 東京 : 彰国社 , 2011.

[16] 藤岡洋保 . 近代建築史 . 東京 : 森北出版 , 2011.

[17] 明治大学神代研究室 , 法政大学宮脇ゼミナール . 復刻 デザイン・サーヴェイ 「建築文化」誌再録 . 東京 : 彰国社 , 2012.

[18] 大川三雄 . 细访千年古都之美 . 梅应琪 , 译 . 台北 : 东贩出版 , 2014.

[19] 矶达雄 , 宫泽洋 . 重新发现日本 : 60 处日本最美古建筑之旅 . 杨林蔚 , 译 . 北京 : 北京联合出版公司 , 2016.

[20] 西和夫 , 穗积和夫 . 日本建筑与生活简史 . 李建华 , 译 . 北京 : 清华大学出版社 , 2016.

[21] 藤井惠介 , 玉井哲雄 . 图说日本建筑史 . 蔡敦达 , 译 . 南京 : 南京大学出版社 , 2017.

[22] 妻木靖延 . 图解日本古建筑 . 温静 , 译 . 南京 : 江苏凤凰科学技术出版社 , 2018.

[23] 今和次郎 . 考现学入门 . 詹慕如 , 译 . 台北 : 行人文化 , 2018.

[24] 小池满纪子 , 池田芙美 . 广重 TOKYO 名所江户百景 . 黃友玫 , 译 . 新北 : 远足文化 , 2018.

[25] 沃克 . 日式庭园 . 郑杰 , 译 . 北京 : 北京美术摄影出版社 , 2018.

[26] 小野健吉 . 图说日本庭园史 . 蔡敦达 , 译 . 南京 : 南京大学出版社 , 2019.

[27] 桑德 . 本土东京 . 黄秋源 , 译 . 北京 : 清华大学出版社 , 2019.

[28] 西冈常一 , 宫上茂隆 , 等 . 日本营造之美（第一辑）: 法隆寺 桂离宫 巨大古坟 江户町（上、下）. 张秋明 , 王蕴洁 , 等 , 译 . 上海 : 上海人民出版社 , 2020.

[29] 宫上茂隆 , 香取忠彦 , 等 . 日本营造之美 (第二辑) : 大阪城 奈良大佛 平城京奈良 京都千二百年（上、下）. 张雅梅 , 等 , 译 . 上海 : 上海人民出版社 , 2021.

[30] 张十庆 .《作庭记》译注与研究 . 天津 : 天津大学出版社 , 1993.

[31] 曹林娣 , 许金生 . 中日古典园林文化比较 . 北京 : 中国建筑工业出版社 , 2004.

[32] 程艳春 . 世界建筑旅行地图 : 日本 . 北京 : 中国建筑工业出版社 , 2015.

[33] 岸田日出刀．過去の構成．東京：構成社書房，1929.
[34] 堀口捨己．桂離宮．東京：毎日新聞社，1952.
[35] 谷口吉郎．修学院離宮．東京：毎日新聞社，1956.
[36] 丹下健三，石元泰博．桂 KATSURA 日本建築における伝統と創造．東京：造型社，1960.
[37] 丹下健三，川添登．伊勢 日本建築の原形．東京：朝日新聞社，1962.
[38] 堀口捨己．庭と空間構成の伝統．東京：鹿島出版会，1965.
[39] 都市デザイン研究体．日本の都市空間．東京：彰国社，1968.
[40] 篠原一男．住宅論．東京：鹿島出版会，1970.
[41] 白井晟一．無窓．東京：筑摩書房，1979.
[42] 吉田鉄郎．建築家・吉田鉄郎の日本の建築 Japanische Architektur. 東京：鹿島出版会，2003.
[43] 磯崎新．建築における「日本的なもの」．東京：新潮社，2003.
[44] 東京工業大学塚本由晴研究室．Window Scape 2 窓と街並の系譜学．東京：フィルムアート，2014.
[45] 志賀重昂．日本風景論．東京：政教社，1893.
[46] 和辻哲郎．風土：人間学的考察．東京：岩波書店，1935.
[47] 和辻哲郎．和辻哲郎全集．東京：岩波書店，1962.
[48] 加藤周一．日本文化中的时间与空间．彭曦，译．南京：南京大学出版社，2010.
[49] 铃木大拙．禅与日本文化．钱爱琴，张志芳，译．南京：，译林出版社，2014.
[50] 今井淳，小泽富夫．日本思想论争史．王新生，译．北京：北京大学出版社，2014.
[51] 石守谦．移动的桃花源 东亚世界中的山水画．北京：生活・读书・新知三联书店，2015.
[52] 柄谷行人．日本现代文学的起源．赵京华，译．北京：中央编译出版社，2017.
[53] 柳田国男．远野物语．张琦，刘晗，译．重庆：西南师范大学出版社，2017.
[54] 紫式部．源氏物语．林文月，译．南京：译林出版社，2011.
[55] 司馬遼太郎．空海の風景．東京：中央公論社，1975.
[56] 伊藤ていじ．重源．東京：新朝社，1994.
[57] 三岛由纪夫．金阁寺．唐月梅，译．上海：上海译文出版社，2009.
[58] 岛崎藤村．千曲川风情．陈德文，译．北京：新星出版社，2012.
[59] 正冈子规．日本俳味．王向远，郭尔雅，译．上海：复旦大学出版社，2018.
[60] 松尾芭蕉．奥之细道．郑茂清，译．北京：北京联合出版公司，2019.
[61] 井上靖．千利休 本觉坊遗文．欧凌，译．重庆：重庆出版社，2021.
[62] 渡辺義雄，二川幸夫，土門拳，佐藤辰三．日本の寺 京都．東京：美術出版社，1961.
[60] 二川幸夫，伊藤ていじ．日本建築の根．東京：美術出版社，1962.
[61] 土門拳．古寺巡礼．東京：美術出版社，1963.
[63] 亀井勝一郎，塚本善隆，入江泰吉．唐招提寺．東京：淡交新社，1963.
[64] 山田脩二．日本村 1969—79. 東京：三省堂，1979.
[65] 丰子恺．雪舟的生涯与艺术．上海：上海人民美术出版社，1956.
[66] 大村西崖，田岛志一．浮世绘三百年日本古代俗世生活图卷．万般，肖良元，译．武汉：湖北美术出版社，2020.
[67] 増村保造．増村保造の世界 “映像のマエストロ” 映画との格闘の記録 1947—1986. 東京：ワイズ出版，2014.
[68] 大岛渚．我被封杀的抒情．周以量，译．北京：新星出版社，2016.

致谢

本书的写作源于 2013 年在日本东京工业大学求学期间的古建筑修学旅行，建筑与风土环境的融合之美、藤冈洋保教授在现场的讲解让人印象深刻。之后，与安田幸一、山崎鲷介等多位教授的交流也让我受益匪浅。

在本书的资料整理阶段，汤苏媛和郑涵赟协助了部分图纸的绘制工作；刘一霖提供了清水寺、修学院离宫、桂离宫和曼殊院的部分照片，并协助了文稿的校对工作；顾敏哲为本书手写了封面书名“日本古园风土记”。在此一并致谢。

图书在版编目（C I P）数据

日本古园风土记 / 陆少波著 . -- 上海 : 同济大学出版社 , 2022.9
（海外游 · 建筑学人笔记）
ISBN 978-7-5765-0339-5

Ⅰ . ①日… Ⅱ . ①陆… Ⅲ . ①古典园林－园林艺术－日本 Ⅳ . ① TU986.631.3

中国版本图书馆 CIP 数据核字 (2022) 第 148888 号

日本古园风土记

RIBEN GUYUAN FENGTU JI

陆少波 著

责任编辑 武 蔚
责任校对 徐春莲
内文设计 曾 增
封面设计 完 颖
出版发行 同济大学出版社 http://www.tongjipress.com.cn
（地址：上海市四平路 1239 号 邮编：200092 电话：021-65985622）
经 销 全国各地新华书店，建筑书店，网络书店
印 刷 上海安枫印务有限公司
开 本 889mm×1194mm 1/32
印 张 7.25
字 数 195 000
版 次 2022 年 9 月第 1 版
印 次 2022 年 9 月第 1 次印刷
书 号 ISBN 978-7-5765-0339-5
定 价 78.00 元